企業失敗學

——企業媒體公關策略及企業失敗學

黃正一　著

to my dear family

推薦序

汪用和

認識正一很久了，知道他工作的領域範圍極廣，但是「做什麼，像什麼」一直是正一一貫的寫照！

現在，正一要出書了，看了他的書，你會驚訝：正一怎麼好像比媒體記者還要了解媒體?!

常常有朋友會問我：他們應該如何面對媒體？我想，今後當我再被問到同樣問題時，我應可請他們來看正一這本書，因為這裏頭有對媒體深入的觀察、與媒體互動的寶貴心得，值得任何一位想要知悉媒體運作的朋友拿來當成一本葵花寶典！

祝福看這本書的朋友收穫滿滿，祝福這本集合了豐富經驗與智慧的書創下佳績！

自序

會寫這一本書，其實剛開始的時候是有些無心插柳的。因為經常演講的關係，原本就會將過去多年來自身創業，以及業界朋友跟前輩們的經營管理經驗歸納整理。有一天在整理過去演講的講義跟案例的時候，好友建議我，不如將這些豐富的企業實務經驗文字化，一來可以系統地將自己過去多年來的相關經驗紀錄下來，二來亦可讓更多的企業界的讀者朋友們多一個事業經營上的參考，畢竟創業這麼多年以來，連同自己以及許多朋友先進們所繳的學費，多少總可以給一些準備創業，或企業正積極成長的朋友們一些經驗談。

對於本書中所提到的許多企業經營過程中所可能面對的問題與情境，尤其是企業品牌經營跟媒體公共事務的實務技巧跟介紹，基於筆者過去的執行與管理的經驗，相信對一些企業主或是企業界的高階主管們，應該在企業發展的過程當中，能有一些務實的建議跟做法。

尤其是有關企業失敗學的部份，近年來由於台灣經濟的不景氣，造成許多的台灣企業在經營的過程中敗下陣來，且由於企業領導人的處理不當，往往讓原本可控制的危機，在慌亂及缺乏專業的情況下變得一發不可收拾，甚至導致部份的企業領導人走上離鄉背井，甚至結束生命的悲劇。

在台灣的媒體報導中，經常可以看到企業因經營不善而遭逢危機的事例。其實企業的失敗學在國外的經營類書籍中經常可以看見，但是在台灣坊間卻較少看到有類似探討書籍的出版，筆者基於一些粗淺的涉獵，希望能對相關的企業領導人或高階主管們，在企業經營遭遇問題的時候，能有一些策略面及執行面上的幫助。

本書共分七個章節，分別針對公共事務的使命、台灣的媒體環境、公益活動、危機處理（兼談企業的失敗學）、發言人制度建立、新聞發佈及記者會等分別說明。

寫這本書，幾乎是把我過去二十年來的社會閱歷、工作及人生經驗，以及在學校時的課堂知識，在大約半年多的時間內，作了個總整理。因為這本書的寫作，尤其是為了其中許多的章節的案例，我常常會以我過去週遭的所見所聞及經驗來舉例，也因此常常會不自覺地打開了記憶的盒子，回想著過去這麼些年來，我的家人、朋友、以及事業夥伴們間的每一個大大小小、起起伏伏的故事。

到如今，曲未終，人未散；筆者自認在企業經營的路上，還有太多需要去學習及領悟的地方，畢竟沒有一定的人生閱歷與經歷，不足以成就更大格局的版圖，並希望以此與所有的業界朋友與先進們共勉之！

目次

第一篇

公共事務（公共關係）之使命

第一章　建立健康、順暢溝通、有效率的內外環境

在過去，『公共關係（Public Relationship）』往往被定義為：企業在經營的過程中，與內、外在環境間的相互關係。因此，『公共關係管理』也就被定位在『企業與內、外在環境間相互關係的管理』。

但在過去的二十多年間，學術界及產業界基於企業所面臨的全球化連動所產生的結構益形複雜、全球媒體『資訊流』的愈益龐大的影響力等等，導致原本公共關係部門及系統對企業的經營的重要性亦愈形重要，因此，當今的產、官、學界遂逐漸將原本的『公共關係』擴大成為『公共事務（Public Affairs）』，亦即賦予公共事務部門更大的責任及功能。

公共事務部門身為企業經營中的一個功能組織，最大的職責，在於讓企業主

及高階經營團隊能在最短及最迅速的時間內了解企業目前在產業及各種變數（如全球及國內經濟局勢、國內外政治、媒體環境、社區關係等）所在的正確位置，並協助在充分及正確精準的資訊背景下，準確地與各種變數互動並做出反應及決策制定（Decision Making），簡單的說，就是協助企業建立健康、順暢溝通、有效率的內外環境。

第二章　協助高層全盤掌控內外環境，而非被內外環境所掌控

在這個十倍速的時代，企業領導人本身所具備的專業資歷及素養，只是職場上的必備條件，面對當今無所不在的媒體鏡頭、隨時隨地要溝通的內部組織衝突、隨時可能上門來的群眾抗爭、台灣獨有的藍綠互鬥、政治人物突如其來的莫名攻擊、以及各種各類的變數，身為企業領導人，有義務及責任保護自己及企業本身。

若結構性地分析以上所提到的各種足以影響企業生存及發展的各種變數，我們不難發現，『資訊流』的快速傳遞及無遠弗屆的影響，直接間接地影響著以上的所有變數。

當今的人類社會，媒體已經是一個力量強大的平台，這裡所謂的媒體包括電視、電台、報紙、雜誌、網際網路，甚至如今功能越來越強大的手機平台。『資訊流』在以上的各類媒體平台間迅速地流動，同時相關所帶來的影響也迅速地發生及擴大，因此，『資訊流』的管理遂成為企業必修的課程之一。

這裡所謂的『管理』，消極地來看，是審時度勢，讓『資訊流』正確地傳遞，避免對企業造成傷害，換一種說法，也就是所謂的『風險管理』及『危機管理』；積極地來看，則是充分運用『資訊流』運作的平台，掌握其中的關鍵因素及環節，為企業建立一個有利的媒體環境，將所謂的『關鍵因素（Key Factors）』轉化成企業的『關鍵性成功要素（Key Successful Factors）』，為企業加分，增加企業有形及無形的獲利。

如此，企業方能全盤（至少做到一切在控制中）掌控內外環境，而非被內外環境所掌控。

因此，企業在產業及媒體的環境中，有些基本的原則必須掌握：即熟悉各類媒體的特性及本質，所謂知己知彼，百戰百勝。不了解媒體，不足以適切地與媒體互動，遑論要與媒體順暢地交往，更不要說要讓媒體為企業的經營增加附加價值。

第三章　協助建立並維繫公司品牌價值

身為企業公共事務的執行部門或主管（其實在很多的中小企業中，這樣的職能多由企業主或其他高階主管身兼之），『積極性』的公共事務理念所能為企業所帶來的幫助當然遠大於『消極防守性』的公共事務理念。

只是當中小企業在草創之初時，未必能全盤掌握及理解積極性公共事務理念所能為企業所帶來的幫助，而當有朝一日企業的規模及基礎變大及穩固的時候，企業轄下的公共事務部門主管，基於『專業經理人』的慣性，又有可能因此有以下幾種無法發揮功能的可能：

一、因為可能無法與聞公司最高決策（通常因而無法獲得相對公司資源的協助及支持）而無從積極發揮功能，此為公共事務部門主管被動式的只能回到消極防守的公共事務理念的原因。

二、可能『反正就是混口飯吃嘛！多一事不如少一事』，導致公共事務部門主管基於『職場習慣』而主動的不願意多做事。不過若有這樣的主管，而且是『不為也，非不能也』，卻能在企業內安享做個太平官，企業層峰卻也沒有什麼意見，一般絕大多數是因為企業層峰本身對公共事務亦缺乏專業的認知及概念，因此，才會放任公司將一流官銜當二流官位來用，若因此就企業公共事務的功能原本可發揮最大的專業效能，卻因而沒有達到應該達到的功效，那實際上就是企業經營層次的問題，倒也怪不得誰了。

三、因為積極性的公共事務理念在執行上的難度遠高於消極防守的公共事務理念，企業的公共事務部門主管當然也可能因為能力的問題，『不能也，非不為也』，因而不願承擔如此的使命。

從以上可以知道，企業內部各個部門所能發揮的功能及成果，許多時候植基於企業領導人或層峰的眼界及一念之間，眼界跟觀念到哪裡，企業領導人就可以帶領著企業及同仁到哪裡，若企業領導人因為『彼得原理』（一個人會隨著能力的發揮而升遷到企業內部的某個職位，然而這個人在企業內部的升遷，亦會隨著能力到達極限而停止，從此再也升不上去）因而無法帶領企業在規模及層次上的持續成長，企業的發展當然也就可能因此受到侷限。

什麼叫做『眼界』？就是一個企業領導人所能看到的高度。當所有人後知後覺的還無法看到某個特定的世界及高度的時候，也只有優秀的企業家能夠先知先覺地看見，並帶領同仁精準地走向勝利。

所謂的『積極性的公共事務理念』包括以下幾點：

一、公共事務部門是公司品牌拓展的前鋒

二、公共事務部門是公司品牌保護的護法

三、公共事務部門是公司業務開拓的尖兵

四、公共事務部門是公司與外界溝通的窗口
五、公共事務部門是公司正式組織內部溝通的橋樑
六、公共事務部門是公司提升股價消息面的推手
七、公共事務部門是公司跟不特定或特定投資法人接觸的窗口

以下就這七點作一些說明：

一、公共事務部門是公司品牌拓展的前鋒

許多國際性品牌在作國際市場推廣的時候，他們不會急於在某個市場先設立分公司，但是卻會積極地先與當地的媒體及意見領袖交往，讓在地的媒體及意見領袖對企業的品牌及理念有概念及印象，進而產生好感。企業面對當地的媒體及市場，在前期交往的過程當中（時間也許很長，長達數年；也可能很短，短至數月），對欲進軍的目標市場往往心中已有初步的概念及策略，接著便可指揮企劃或業務部門的代表，正式對該市場進行結構化的市場調查，若證實原先的概念及策略被目標市場接受，接著便可正式執行後續進軍目標市場的行動。

二、公共事務部門是公司品牌保護的護法

企業在經營的過程當中，若品牌的經營遭遇其他企業的盜用或誤用，甚至莫名其妙被控告，此時公共事務部門就會偕同法務部門或律師事務所，一方面對相關企業採取適當法律行動，二方面，若此類狀況在業界或消費者心中產生混淆或疑惑，公共事務部門亦應主動出擊，為企業搶攻事件發展的主導權及發言權，以製造企業為品牌所有者及正宗的地位，以穩定下游廠商及消費者的信心。否則，在打混仗的情況下（許多業界的競爭者的策略就是要跟你打混仗，即使最後在法律上他們輸了，一來在過程中成功地阻止你擴大技術或品牌優勢的差距，二來干擾你的業務接單及發展，這類的騷擾戰術，在資訊及高科技產業尤其常見）企業的形象及營收往往受到很大的傷害。

三、公共事務部門是公司業務開拓的尖兵

經營企業的人都了解，企業業務的經營，許多時候是跟客戶在交往一陣子之後，基於彼此的熟悉跟逐步建立的信任，才會有正式而大量的營業上的往來。更

有許多時候，客戶甚至是慕名而來，而這也就是公共事務部門的職責所在。

對於企業對某個特定市場的經營，在滲透該目標市場的過程當中，其實很像是戰場上對某個特定目標區的戰爭，大家可以想想現代戰爭的標準流程，依其先後順序為：外交攻勢、高空（戰略）轟炸、地面佔領、在地治理、文化融合。

在企業進軍某特定市場的過程當中，公共事務部門所參與的正是外交攻勢（當地媒體、業界意見領袖及當地相關在未來可能跟企業在地發展有關聯的單位）及高空戰略轟炸（媒體廣告宣傳）的部份，至於有關地面佔領、在地治理及文化融合的部份，一般則轉交給業務部門或直接設立的當地分公司來執行。

四、公共事務部門是公司與外界溝通的窗口

企業在經營的過程當中，隨時隨地要面對以下幾種人：廣大投資人與股東、客戶或消費者、供貨商或上下游廠商、銀行及債權人、媒體、競爭對手或企業、政府公權力等。

理論上這些人隨時都會與企業發生互動，也或多或少會發生一些狀況，許多時候，公共事務部門代表企業，作為與外界溝通的窗口。若相關議題在公共事務部門的處理下，能解決的，就當場解決；就算該議題公共事務部門無法獨立解決，至少能夠了解狀況，掌握情勢，以幫助企業能夠有效率地解決問題。

五、公共事務部門是公司正式組織內部溝通的橋樑

企業是一群人的組合，企業在正式的組織結構中，基於組織的日漸龐大，各類部門及功能的分工勢必越分越細，這也就代表了企業中各部門間的立場愈益不同，各部門主管間的本位主義亦日趨明顯（最常發生的就是產、銷之間的衝突），衝突自然容易發生，此時，公共事務部門就是公司正式組織內部溝通的橋樑。

即使大家眾志成城、同舟共濟，但是傳播的戰線一拉長，難免就會有『貓在鋼琴上睡著了』（指在長串及複雜的訊息傳播的過程當中，原始的訊息往往被有意或無意間的改變，以致以訛傳訛，到最後呈現出來的會是跟原始的訊息相差十

萬八千里的、毫不相干的結果）的謬誤發生，此時，公共事務部門的職責就在於監控（Monitor）及執行整個企業訊息及政策的精準傳遞，以提升企業的經營效率及績效。

六、公共事務部門是公司提升股價消息面的推手

有股票操作經驗的人一定聽過一句話：十個基本面，比不上一個消息面。尤其在台灣的股市中，各類訊息滿天飛，許多股票族，無論是大戶、散戶、還是更小的灰塵戶，每天莫不身陷在一片的訊息大海之中，反倒是真正基本面的功課不太用功作（當然，在台灣，許多時候，就算平常多作基本面的功課，好像也沒有什麼用）。

在台灣，有不少基本面不錯的股票，股價常常被低估，究其原因，『市場不知道你』往往是重要的因素。2007年1月12日原相登上股王，董事長曹興誠說，股價高低沒有什麼特別的意義，股價低的公司不見得不好，只是市場沒有注意到而已。

這也就是台灣為什麼有許多的公司在即將上市之前，會委託公關公司或企管顧問公司幫助並教育他們『學習如何面對媒體及提升企業的社會知名度』，因為購買股票的不是業界的從業人員，甚至競爭對手，企業在業界知名，跟在社會投資大眾間知名，大多數的時候是不一樣的。

而若社會投資大眾根本不知道你，又如何期待公司的股價表現？

七、公共事務部門是公司跟不特定或特定投資法人接觸的窗口

企業在經營的過程中，或多或少都曾有過募集資金的需求。而企業無論是在公開市場募集資金（如在股市募集資金），或是洽特定人，尋求私募資金，在過程中，公共事務部門皆是公司跟不特定（如股市）或特定投資法人（如公司原本的法人股東，或欲尋求資金投資的私募對象）接觸的窗口。

在擔任接觸的窗口的過程當中，除了提供投資人所需的所有資訊及相關文件

資料之外，積極及專業的公共事務部門主管，甚至能代表公司向投資法人定期簡報，及回答所有相關的專業問題，為公司爭取最大的資本利益。（在台灣，許多知名的大型企業，投資法人遍部全球各大都市，企業主暨經營團隊不一定能每場法人說明會都親自到場，此時專業的高階經營團隊，就有可能會被指派相關的工作）。

至於所謂的『消極性的公共事務理念』則包括以下幾點，跟『積極性的公共事務理念』比起來，其間差異自然不能以道里計：

一、公共事務部門定期發佈新聞稿。

二、公共事務部門被動與媒體聯繫，媒體不告（媒體不找），我就不理。

三、公共事務部門是公司內部公關活動的執行者或協助者（如協助福利委員會辦年終晚會）。

四、公共事務部門負責蒐集與整理公司媒體露出訊息

五、自認最大的performance是『公司一切平安，沒出事』、『沒有壞新聞，就是好新聞』

第二篇

台灣之媒體環境

第一章　台灣之媒體特性：電視

※台灣影響力最大的媒體：電視新聞媒體

電視新聞媒體對社會大眾的巨大影響力，古今中外皆然。有句俗話：文不如表，表不如圖，圖不如看電視。因為人類是視覺的動物，加以文章的傳遞有其知識上的門檻（無可諱言，不同的學識經歷、文化族群背景及閱讀習慣，都會造成閱聽人的理解及接受上的門檻）。別的不說，許多一般的社會大眾，包括一些知識水平較低的群眾，或是時下的許多速食文化下長大的青年學子，他們許多平常大概頂多是看看影劇版或社會新聞的，其他比較需要用大腦理解的財經及政治新聞，不要說理解了，一般他們是沒興趣、也不想、不會看的。

這並不代表主流社會大眾就不會吸收到重要的社會訊息及資訊，因為電視新聞頻道的存在、競爭、及疲勞轟炸，任何一個重要的新聞畫面，透過無遠弗屆的頻道傳播，都會立刻在社會大眾間迅速散佈，而經其編輯及剪接過的新聞畫面及採訪文字對單一新聞的詮釋，也會對其傳播的主流閱聽族群造成價值觀上的影響。

君不見明明是同一個新聞事件，按理說真理或事實（Truth）應該只有一個，但經過TVBS、中天、東森、年代、三立、民視的報導，呈現出來的詮釋卻可以有十萬八千里的差距。其間固然可以解釋成不同的媒體為了收視率及討好自身的主流收視群眾所不得不然的作為之外，媒體本身原本就有其特定立場，甚至根本就是故意的、有計劃的對閱聽人長期集體的催眠與控制，也許才是真正新聞媒體高層的目的。

有一個有趣的常識，或許會讓大家覺得驚奇，大眾傳播的研究告訴我們，台灣民眾在電視收視上的平均年齡是多少？十四歲！而且還不是國中資優班，而是過去所謂的放牛班的水平！

也因此我們可以理解，其實群眾是很容易被導引及影響的，透過不斷的、積沙成塔式的刺激及潛移默化地教育，電視媒體透過電視畫面，就可以影響非常多的人，透過這樣的影響，就可以為一些人帶來巨大的有形及無形的利益。

講一個笑話，很多人都知道前總統陳水扁祖籍是福建紹安，如果有一天台灣的媒體在稱呼前總統陳水扁時，統一口徑稱呼他為『福建紹安陳水扁』，信不信？只要講個一百萬次，眾口鑠金下，前總統陳水扁在大家的心目中就變成道道地地的外省人了。這就是積沙成塔式的刺激及潛移默化地教育，台灣前幾年的『愛不愛台灣？』的族群操弄，就是這樣被操作出來的。

因為影響力就可以帶來權力，越大的影響力，就可以帶來相對巨大的權力。

因為大家都想經由媒體經營者從中獲取利益，都想影響、甚至掌控新聞媒體，因為誰掌握了新聞媒體，就代表了誰掌握了新聞事件的詮釋權，誰就可以經由所掌控的媒體，去保護自己以及攻擊別人。所以，台灣擁有全世界密度最大、數量最多的新聞台，台灣新聞頻道的經營全世界難度最高，獲利預期難上加難，卻還是有越來越多的財團跟政治人物爭先恐後的想經營電視媒體，原因就在這裡。因為這中間所牽涉的利益交換，絕不是一般升斗小民邊看電視邊罵所能想像跟理解的。

※電視新聞的組成要素：事件及畫面➡畫面、畫面、畫面

電視新聞組成的元素有兩個：一個是事件本身，另一個就是畫面。

最近有一個手機的電視廣告很有趣，廣告畫面中有一個記者正準備做SNG現場連線，新聞導播還沒下達指令要他正式開始，他就在鏡頭前等，才等了不到十秒，連觀眾都覺得等了好久；生活上還有另一個類似的例子，大家都有搭電梯的經驗，當大家都進了電梯，若沒有人按下關門鈕，大家會發現，即使是等個三秒鐘，大家都會覺得等了很久。

其實新聞節目也是一個電視節目，講究收視率的本質不變。在觀看電視新聞的過程中，即使播報的主播人氣有多旺，光播乾稿不進畫面，不用十到二十秒，

觀眾就轉台了。所以除了新聞本身要有新聞性，也就是值得閱聽人觀眾看，或者根本就是觀眾愛看的題材外，畫面的呈現也很重要。這也解釋了為什麼近年來，隨著新聞台的競爭越來越激烈，畫面的使用也越來越重口味，即俗稱的煽、色、腥。原因無他，口味越重的新聞呈現方式觀眾越愛看，越能吸引觀眾的目光，越能衝高收視率。

其實許多新聞台的主管也不是不知道不應該如此呈現，但是不可諱言，他們多數對這樣的現象心中也充滿無力感，因為收視率不高，新聞沒人看，該時段的廣告業務就會下降，就會影響電視台營收。如此可能第二天新聞部就會被電視台高層關心，甚至檢討。之後情況若再沒有起色，不但新聞部的士氣會大受影響，新聞部的主管甚至有可能因此捲舖蓋走路。

由於要用最短的時間來詮釋新聞，因此能提供豐富畫面的受訪單位或受訪者，在先天上就佔了很大的便宜。前面提過，在新聞事件的處理上，由於每節新聞播出的時間有限，因此除非非常重大的新聞，一般來說，連同主播播報的時間，一則新聞有九十秒就算專題了。換句話說，一則電視新聞的報導，長度能有個九十秒，已經非常難能可貴。

因此，身為受訪單位或受訪者，若能提供豐富的畫面，加上具新聞性的議題，不但獲得電視新聞媒體青睞的機會增加許多，甚至能夠有機會得到電視新聞媒體較大篇幅暨長度的報導。

有了這樣的體認，除非你所參與的事件本身就具有高度的新聞價值（不過，相信我，不是經過安排規劃的新聞，尤其是突如其來，由媒體主動找上門的新聞，一般多半都不是什麼好事，當事人大多寧可什麼事都沒發生過，此時對於上媒體，真是避之唯恐不及），甚至你本身就在創造歷史的事件中，否則，如何規劃及安排，方便新聞媒體記者的運作，就直接影響能否上電視新聞媒體，甚至影響電視新聞媒體對受訪單位的評價（前面提到，同樣一件事，操作地不好，新聞出來的評價可能會變成是負面報導）。

舉例來說，一般能『搏畫面』的素材到底有哪些？前面說過，煽情、色情及腥羶的畫面較能獲得電視觀眾的注意。

腥羶畫面要製造可能比較難，因為它容易讓觀眾覺得不舒服，就像看恐怖片一樣，怕歸怕，罵歸罵，基於好奇心理作祟，很多觀眾還是會選擇把它看完。但是對於一般公司或個人的媒體公關推廣，其實實在不是一個好的題材方向。

煽情則泛指能夠影響觀眾情緒的畫面，舉凡可憐的、感動人心的、激勵人心的、甚至引發觀眾同仇敵愾的等等，總之能激起觀眾情緒的，皆屬之。

舉例來說，前一陣子有一則新聞，說有一個建中學生，父親是一個老兵，平日靠撿破爛維生。他自幼喪母，但聰明又乖巧，靠著白天的日光及晚上樓梯間的燈光苦讀，不補習考上建中。平日雖跟台北阿姨住，但每逢假日必定回新竹陪伴八十老父。在新聞畫面中建中學生謙虛地、不自卑自憐地娓娓道來他日後想當老師，改善家庭環境孝順父親的種種，畫面再輔以老兵謙卑佝僂，卻又驕傲欣慰帶淚的身影及臉孔，畫面傳開，不知感動了多少台灣的觀眾。

當然，若講到專業的畫面製造，那麼台灣藍、綠陣營的活動規劃就族繁不及備載了。舉凡倒扁紅衫軍的百萬倒扁遊行活動、綠營的百萬人牽手護台灣等，都是製造壯麗畫面，引發同屬陣營群眾同仇敵愾情緒，促進所屬族群大團結的經典之作。

說到色情的部分，其實該有一些修正，應該說是色的部分：色情固然屬之，美麗的畫面、可愛的畫面亦屬之。

舉例來說，新聞頻道的最後要上工作人員名單及贊助廠商名單的時候，雖然還在新聞時段中，但新聞部製作人經常喜歡播出時尚表演的畫面，看著鏡頭前國內外模特兒衣著美麗、體態輕盈、搖曳生姿、賞心悅目，就屬於美的畫面的典型使用。

在台灣，每當大型資訊展或類似展覽時，各參展廠商總是競相邀請參展辣妹（Show Girls）載歌載舞，更極端的時候甚至請來日本AV女優來台現身，為的也就是要透過年輕女孩的火辣身材及臉蛋跟熱舞，以製造人氣與話題、炒熱現場氣氛，並吸引群眾及媒體的注意。

另外還有一個新聞題材也很常見，就是台灣特色之一的檳榔西施，透過新聞畫面的呈現，總能引起觀眾注意，且屢試不爽。

可愛的畫面也是，大家都知道一個常識：小孩跟動物的畫面最難拍。但是很多人還是想方設法把自己的新聞跟這類話題掛勾，比如賣場舉辦小朋友爬行比賽等，其實這類活動早已不算新聞，更不新鮮，但畫面好看、觀眾愛看，電視新聞就容易願意來採訪你，播出的機會跟篇幅也變得較大，公關推廣的目的自然也就比較容易達成。

※台灣電視新聞媒體特色：爭取時效，不重求證

在台灣，有全世界密度最高的SNG車，隨時隨地的LIVE報導，有時連某個賣場喊個大拍賣都要現場連線，讓身為觀眾的你我一頭霧水：這種事情要現場連線的意義在哪裡？

還有一種現象也很常見，就是動不動就宣稱是獨家報導。這有兩種情況，相信大家都不會陌生：一是明明同一時間大家都在播，卻還是要硬掰是獨家新聞；二是根本沒什麼獨家新聞的意義，但是因為只有我這一台新聞播，所以就算是獨家了，比如說台北市八德路上的某家牛肉麵生意特別好，湯頭特別美味一類的。

九零年代以前台灣只有台視（台灣電視公司）、中視（中國電視公司）跟華視（中華電視台）三台，號稱老三台。老三台時代網羅了當時全台灣最精英的新聞人才（當時老三台的新聞部招考個兩三個記者，卻來了好幾千名國內外新聞系所的畢業生來應考的盛況屢見不鮮，當時誰家子女有人考上老三台的新聞部，在那個年代，當真是光宗耀祖的大事），這些新聞人才甚至一直到二十一世紀的今天都還在主導整個台灣的新聞產業，是整個台灣新聞界的中堅及骨幹。尤其當年在台視全盛的時期，台視新聞部甚至有新聞王國的稱呼，並且歷久不衰。

老三台時代新聞採訪重視採證及查證，但現在新聞媒體太多，媒體新聞需求量太大，收視競爭太激烈，速度要求太高，加上越來越多未經嚴謹訓練即上戰場的年輕記者（這代表這些年輕記者相較以前比較容易騙，或心態上比較無所謂），無論主客觀因素，經常已經沒時間以及沒能力查證，先播先贏。有時傷到你連對不起都不會說（在台灣，幾時聽說電視新聞搞錯了，事後跟大家或當事人道歉的？），傷你就傷你了，火力四射，連總統府都忌憚三分。

這其實是時下台灣淺盤及速食文化下的必然產物，前一陣子的台灣有個跟世界上其他不管先進或不先進的國家非常不同的社會風氣，就是上自政府廟堂，下至一般企業群體及升斗小民，近年來充斥著一種『只要我喜歡，有什麼不可以？』的觀念。一但被指責做錯事，都還能理不直氣很壯的大聲罵回去，掰不過去了，鞠個躬，說聲對不起也就完了，捅下的簍子跟所付出的代價經常大大的不成正比。但是沒關係，只要夠皮，鋒頭過去了，社會大眾跟媒體一般的健忘，久了也就算了。然後這所謂的『久了』指的是多久？有時甚至只是幾天或幾個星期而已。

這看在許多其他國家的人民眼裡其實是非常匪夷所思的，許多在其他地方會造成軒然大波的事、會引發當事人一連串道歉及引咎辭職下台的事、會被社會輿論唾棄攻擊到體無完膚的事、會讓當事人慚愧到生不如死以致自殺謝罪的事、付出的代價要高於捅下的簍子數倍的事，在今天的台灣常常搞到最後都可以雲、淡、風、清。

這真是應驗了台灣年輕人之間流行的一句俗話：一皮天下無難事，二皮天下無敵！

當我們事不關己的看著這樣的風氣跟現象時，可能覺得哎呀管他呢！不關我的事。但是請不要忘了，每件烏龍的錯誤報導後面，都一定會有對應的受到傷害的一些人，尤其是直接受訪的單位或個人。許多對他們的傷害跟影響經常是巨大的，甚至經常是永遠都無法挽回的。大家千萬不要以為這樣的倒楣事不可能落到我的頭上，誰知道呢？最近不是有一句流行語嗎？世事難料，安泰（人壽）被賣掉！

舉幾個比較近的例子，前一陣子不是有一個知名的『腳尾飯』事件？某個政治人物為了搶媒體鏡頭、製造話題並塑造自己的英雄形象，刻意編造一個『腳尾飯』事件。所謂『腳尾飯』就是殯儀館內上香供奉往生者的飯菜，媒體據傳並報導這些『腳尾飯』後來非法流入附近餐廳商家，造成社會恐慌，商家生意一落千丈，連同市政府相關官員及商家們都被輿論罵到臭頭，後來這件事經調查證明是假造的，但對相關受害人的傷害卻已經造成，結果被抓到賴不掉了，該政治人物在媒體鏡頭前邊哭邊鞠躬說對不起，後來也就不了了之。

還有一個例子，某個廠商的產品被某個立法委員公開舉發產品中含有毒素，經媒體報導後，產品滯銷，大量退貨，合作廠商追上來要錢，生意毀了，銀行雨天收傘，公司掛了，連人在大陸談生意，都被媒體說成是吸金捲款潛逃。逼到最後，老婆跟他離婚，小孩也不在身邊，當真妻離子散，後來被現實逼得離開台灣前往大陸發展。

那個廠商的產品真的含毒素嗎？事件經過從頭到尾沒人拿去化驗，台灣有句俗話：看到影子就開槍。這個新聞事件中，立法委員沒經查證，看到影子就開槍；媒體也未經查證，看到影子就跟著開槍。就是那個倒楣的廠商跟一家人無辜中彈身亡。

其實明眼人一看就知，那個立委跟那個廠商素未謀面，無冤無仇，整件事也就是要出出鋒頭搏個版面而已；媒體跟那個廠商更是素未謀面，無冤無仇，就是跟著那個立委瞎轉了一圈罷了。可是我不殺伯仁，伯仁卻因我而死，立法委員跟媒體都掌握社會公器及權力，很多事對他們來說，不過就是工作或一時的一己之私，但對他們可不傷害卻傷害的人來說，卻可能牽涉生死。

大家常說：『老天是公平的』。我常想，若老天真是公平的，到最後，最後的最後，這件事牽涉的相關人等，在老天爺面前會受到怎麼樣的一個評價跟處置？不是嗎？因為他們對受害的無辜第三人，從頭到尾甚至連一聲對不起都沒說。

最可怕的，他們甚至跟我們一樣，到了今天，對整件事甚至連一點印象都不記得了！即使這樣的事件在台灣三不五時的在上演！

在台灣經常有政治或公眾人物，甚至一般小老百姓被問到一些跟他們切身有關的新聞或事件時，第一時間經常可以聽到一種標準答案：哎呀！這是媒體亂說的！大家有沒有覺得很熟悉？『哎呀！這是媒體亂說的！』這句話許多時候在台灣的民眾間好像大家都蠻習慣，甚至都還蠻認同跟接受的。很多時候明明有事的人跟事，在第一時間用這樣的理由搪塞，竟然好像大家常常也就算了。

這要是換在國外，哪有這麼簡單就放過你？在國外，新聞是神聖的第四權，在台灣好像份量就稍差了一些，孰令致之？這似乎值得大家，尤其媒體朋友們一同來省思。

※台灣電視新聞媒體特色：各新聞台政治立場鮮明

台灣的新聞台，像是台視、中視、華視、民視、TVBS、三立、中天、東森及年代，有一個在世界上非常獨特的特色，當然這也跟台灣的特殊歷史背景有關，就是各新聞台藍、綠政治立場鮮明。不但鮮明，而且很多的時候甚至有些像兩個敵對國家的新聞媒體在互別苗頭，各為其主的詮釋著她們所看到的台灣。有時候，甚至會讓許多外國人覺得好像看到美國CNN跟阿拉伯的半島電視台在報導跟詮釋美國跟伊拉克的戰爭。

當然，在台灣，這樣的狀況在平面媒體，尤其是報紙更形激烈，但是在台灣，泛藍的群眾只看某些新聞台而不看某些新聞台，泛綠的群眾也只看某些新聞台而不看某些新聞台，這種現象真是再平常也不過了。

台灣的新聞媒體在政治上的傾斜，相較世界上的其他國家，真的是嚴重很多。所以，一般的民生議題新聞固然比較沒有問題（其實我在說這個話的時候，心裡其實不是太有把握），但可能被引用到藍、綠或兩岸議題的時候，若一但被採訪，就要當心被既有立場的媒體在斷章取義及剪接後播出，有時莫名其妙的就被利用。

舉幾個例子，前民進黨主席施明德因反貪倒扁運動受國際矚目獲諾貝爾和平獎提名，這種新聞泛藍的媒體會顯著報導，還會大幅播放百萬紅衫軍上街遊行的畫面，但泛綠的媒體就會輕輕帶過，甚至隻字不提。

牽涉台灣意識的議題更明顯，同樣一個議題，泛藍的電視媒體所採訪的新聞所展現的台灣民意，跟泛綠的電視媒體所採訪的新聞所展現的台灣民意，常常就會有很大的落差。

比如提到兩岸直航跟開放大陸觀光客來台，泛藍媒體所採訪的民眾或相關業者就會告訴你這有多重要，會如何帶來台灣經濟的發展，因此當然越快開放越好；但泛綠媒體所採訪的民眾或相關業者就會告訴你這有多不可行，會對台灣的社會帶來多大的衝擊，台灣會受到多大的傷害，因此萬萬不可開放。

很多時候好奇的電視觀眾會佩服電視台上哪兒安排那些『黨性堅強』的受訪者？其實很多時候大家都被騙了，因為電視新聞播出的流程是：第一線文字記者採訪、寫稿、剪接畫面、上編輯台、主播播出，此外每天還有編採會議檢討。

這其中每一個環節都能做到所謂的『內部控制』（Internal Control），以確保最後所呈現出來的新聞及畫面不會『離題太遠』：指的就是新聞品質及許多時候能做不能說的『政治正確』。

怎麼說很多時候大家都被騙了？因為許多時候記者會引導受訪者說出一些

話，他們要的其實也就是這些話，經過剪接，就變成受訪者的意思。

舉例來說，記者問你：如果怎樣怎樣對台灣經濟有很好的幫助，你贊不贊成？你是受訪者當然只可能說贊成啊！另一個記者問你：如果怎樣怎樣對台灣經濟有很不好的影響，你贊不贊成？你是受訪者當然只可能說不贊成啊！當然筆者在這裡說的可能簡化了些，但是筆者要表達的是，有時採訪記者來採訪你的時候，其實對於某些議題，在他們的心中，或在他們所代表的新聞部的心中或政策中，其實早有定見。他們甚至可能會引導你，或在剪接室中以他們的意念來詮釋你（以畫面跟旁白來詮釋），等到你發現播出來之後大家所以為的你說的意思，跟你原先的本意完全是兩回事的時候，那時再憤怒覺得被耍，早就來不及了。

當然，這種情形，還是發生在政治人物受訪的時候比較多，發生在一般民眾的身上相對較少。但是就一般企業來說，有時還是稍稍注意一些比較好，尤其現在台灣許多企業同時在兩岸發展，莫名其妙被貼標籤或染上一些政治色彩，總不是一件愉快的事。

※台灣電視新聞媒體特色：容易斷章取義或錯誤詮釋，兼談電視新聞採訪的流程

台灣的新聞頻道，扣掉固定的插播廣告時間，新聞台每節新聞約四十則，由於電視新聞時間太短，往往受訪一小時才播出幾秒鐘，被斷章取義的機率很高。

要避免被斷章取義的情況發生，首先我們要了解電視記者跟受訪者互動的整個流程：

一、首先記者因為某種原因要採訪你，決定要採訪你的原因可能有以下幾種：

1) 他可能是輾轉聽說你的故事有報導的價值，報備長官之後，主動來找你。

2) 他可能本來就被指派要做某一個專題，剛好打聽到你的故事可以配合這個專題，因此來找你。

3) 可能你的故事已經是新聞了（一般的狀況是這樣的：電視新聞經常跟著平面媒體的報導走，很多是新聞部的主管一早看報紙或雜誌，或是同業間的消息通報，這其中最常見的莫過於蘋果日報或壹週刊一登什麼，其他媒體，尤其電視新聞就跟什麼。因為一般都會有爆炸性的消息，相關畫面又精彩，保證觀眾要看），電視新聞記者跟著其他媒體一起來找你。

4) 受訪者主動邀約記者，並獲回應，最多的情況就是召開記者招待會。

5) 受訪者刻意做了某些動作，比如說陳情（時代不同了，若要這麼做，陳情的動作還要比創意，否則媒體還是不會理你。一般除了邀請民意代表站台外，行動劇或其他相關行動藝術類概念的創意是最近比較容易吸引媒體注意的方法，因為有畫面），以爭取媒體目光，並爭取表達意見的機會。

二、一般正常狀況，接著媒體會跟你約採訪時間：

這點看似沒什麼，不過有一點要注意，因為記者都忙，每天還有趕稿及播出的壓力，因此最好配合記者的時間，不能配合，採訪經常就沒了；另外，媒體也常沒時間跟你換時間，時間不能配合他，採訪經常也就跟著沒了。

三、專題式的採訪：

有時記者會事先大致跟你討論（一般是電話上），或是會依他的意思擬出問題清單，希望你事先做功課，以節省採訪時間，並能言之有物。

碰到這樣的記者應該慶幸，因為並不是每一個電視台的記者都這麼用功勤快。此時除了好好準備內容之外，相關可以拍的畫面最好也要幫記者想好，如此才能得到雙方都滿意的採訪內容。

台灣的新聞記者大多是大學新聞傳播相關系所畢業，其次社會、人文、商學院畢業的也不少，理工科背景出身的相對較少，因此不見得針對你的話題在技術上他們能有多麼深入的了解。

簡單講，來採訪你的記者基本上就不是你這一行的，他可能聰明歸聰明，組織能力應該也不錯，但是千萬不要認為他一定聽得懂你在說什麼？面對媒體的採訪第二怕的就是說了半天他聽不懂，碰到這種狀況媒體記者不會歸罪自己不夠專業，因為夠專業其實並不是他的義務。但他可能會怪罪你（當然，他不一定會當著你的面怪你）事先準備不夠，不能讓他深入淺出的了解，因為他要報導的是新聞，連他都聽不懂的新聞，一般觀眾怎麼可能會懂？那這個新聞，或至少這個受訪的對象，就不是一個值得報導的新聞跟對象了。因此受訪者應該一開始就避免這樣的狀況發生，並且請務必注意一點：無論你的意見有多麼重要，論點有多麼精彩，電視播出來的就是那麼幾十秒，因此說話一定要『深入淺出、簡短精準』，至少你能被剪接出來的部分要簡短精準並且完整，否則下場就是整段不播，白忙一場。

講一個笑話，筆者有不少學界及企業界的朋友，多少都有被電視媒體採訪過的經驗，有一次某個企業精英受訪，滔滔不絕講了一個多小時，為了炫耀他的專業，他還刻意地用了大量的英文及專業術語。

記者回去以後，他覺得這下大大露臉了，昭告他所認識的所有諸親朋好友看某年、某月、某日、某時的某家電視台新聞（一般電視台記者都會告訴你大概什麼時候會播），等到那光輝的一刻來臨時，電視新聞播的是別人在講話，他也有鏡頭，他的鏡頭總共才三秒，只說了兩個字：『是啊！』。

那第一怕的是什麼？是其實他根本沒聽懂，但是他卻以為他聽懂了。這最慘，因為回去新聞部後，他怎麼詮釋你所說的話，就全看你的造化了。最典型的斷章取義的情況，除了記者故意的之外（一般發生在有意識形態的議題比較多），就屬這種不是故意的最多。

四、非專題式的採訪：

一般就是受訪者被媒體盯上，當然若是好事或至少不是什麼壞事（比如說你的家人得奧運金牌，為國爭光等；比較簡單的像是在街頭突然被守候在一旁的某台記者盯上，然後問你一些沒什麼營養的話題，像是你覺得今年情人節該怎麼過啦！或你覺不覺得今年的冬天比較冷啦！或是你贊不贊成男女交往可以劈腿啦什麼的），當然沒關係；若是不好的事（比如說你工作的公司涉及不法傳聞），就必須小心回應。原則則如前述，『深入淺出、簡短精準』，並在最短時間內，說完對自己最有利的說明及立場。此時並有一件事須注意，當媒體得到你的說法及畫面後，他們可能會『引用』（Quotation）你的話，最後呈現出來會變成什麼樣子？會對你造成什麼影響？還真不好說。所以，除非你是核心的當事人，責無旁貸，否則，若只是路人甲或公司裡的普通的員工，『No Comment』、『我不知道』或『請去問我們公司的發言人或老闆』可能是比較安全的說法。

五、後製作（Post Production）：

採訪完畢後，電視台記者得到了新聞製作的兩個重要的元素：新聞內容跟畫面。此時對攝影記者來說，當文字採訪記者在採訪現場表示採訪完畢時，就沒他的事了，他剩下的唯一要做的一件事是回到新聞部時，把拍攝母帶交給文字記者剪接。

而對文字記者來說，他還有很多事情要做。首先，有了新聞製作的素材，回到新聞部，拿到拍攝母帶，文字記者開始寫稿、剪接、配音（專業術語叫O.S.），就剪接的部分，一般比較資深熟練的文字記者，多半會自己剪接（因為比較節省時間，又可以完全按照自己的要求跟想法剪）。但是有些電視台會配置若干名剪接師，因此有時文字記者也會坐在剪接師的旁邊，盯著剪接師把畫面剪完。

說起電視台文字記者的工作其實頗辛苦且複雜，但是也非常有趣及充滿挑戰性。簡單講，電視台文字記者的工作很像是每一則新聞報導拍攝製作完成的編劇兼導演：在採訪時，是由文字記者指揮攝影記者在什麼角度拍攝什麼畫面，當然，若是資深攝影記者搭配資淺文字記者，許多時候資深的攝影老前輩會給菜鳥文字記者一些建議，但基本上，在合作結構上，畫面的決定是文字記者的工作。

剪接完，文字記者就寫好的新聞稿配音，配好音，交出新聞播出帶到編輯台，整個新聞製作的工作，就文字記者的部分則宣告完成。

前面說文字記者工作的挑戰性及壓力很大，因為上述所說的整個新聞製作的流程，從聯絡、採訪、寫稿、剪接、配音，到交出新聞播出帶，往往是在非常高度的時間壓力及高度冷靜、理性的專業訓練跟歷練下硬拼出來的。

舉例來說，早上採訪的新聞，記者往往跟你約九點到現場，十點多一定要走，因為他們要趕著回電視台在十一點多的時候交出新聞播出帶，以備十二點午間新聞的播出。這中間還要包括往來的交通時間，雖然每一組文字跟攝影記者多半公司會配給他們一台備有司機的新聞採訪車，但是對他們來說，其實就時間的節省上只省了停車的時間，所以就曾發生過採訪完畢回公司的路上遇到大塞車，記者當街攔摩托車，然後再拔腿狂奔回公司的例子。

除了以上的挑戰之外，文字記者還擔負一項責任，就是就他所採訪的新聞負責。遇到所採訪的新聞出問題，第一個被懲處的就是文字記者。當然，很多時候，為老闆背黑鍋的（因為可能根本是老闆在下指導棋，這裡的老闆一般指的是新聞部製作人、新聞部經理，或者更高層），也是新聞部的文字記者。

講到這裡，大家是不是對於文字記者無法細嚼慢嚥受訪者的話這件事，在心情上比較能夠接受了？

在這裡順便跟有志從事電視新聞工作的年輕朋友們說一聲，目前台面上知名的電視主播及新聞節目製作人或新聞部高階主管，絕大多數都是從文字採訪記者出身。從前面的敘述我們可以知道，唯有經歷資深的新聞採訪工作，方可淬煉出一個優秀的新聞從業人員。沒有豐富資深的新聞採訪背景跟資歷輩份，很難磨練出優秀的新聞感及受人尊重的新聞權威形象，畢竟，若只是一個每天化妝化得美美的播報機器，不用多久，就會被更多比你更年輕貌美、更拼、更專業、更集美麗與智慧於一身的後進所淘汰。

※台灣電視新聞媒體特色：非常重視在地新聞，全球新聞份量少

經常往來兩岸的知識份子常有一種感慨：待在北京（大陸）看世界，你會覺得，世界上發生的每一件事，都跟中國有關，中國對世界上的每一個地方發生的事都能發揮影響力，都想參與，中國是地球村重要的一員。

反觀待在台北（台灣）看世界，你會覺得，世界上發生的每一件事，好像都跟台灣無關，台灣對世界上的每一個地方發生的事都不能發揮影響力，而且，也不想參與，台灣是地球村的一員的感受並不強烈。

是不是？回想在我們的日常生活中，全球反恐、歐盟、東協加N、南極臭氧層破洞、北朝鮮六方會談、以阿衝突、中東情勢，除了中國崛起我們可能有些感覺之外，以上所講的，哪一個我們平常在台灣的人有感覺？

舉一個例子，這麼多年來，筆者一直有一個很深的感觸：就是在過生日壽星許願的時候，一般外國人（包括在大陸的中國人）許的第一個願望很多是『世界和平』，但在台灣，筆者則幾乎從未聽過有哪一個台灣壽星在生日許願時，會想到要說『世界和平』的。

有一件事筆者的印象很深刻，沒有多久以前，北愛爾蘭反抗軍宣佈無條件棄械投降。數百年來，北愛爾蘭人跟英國的恩怨情仇糾纏已久，影星梅爾吉勃遜知名的電影『英雄本色』所描寫的就是這段歷史宿怨。這轟動全球的大新聞，全世界媒體都大篇幅報導，結果台灣的媒體竟然沒有人播，只有公視有部分播出而已。

現在台灣的電視新聞媒體所顯現出來的是，非常注重在地新聞，強調本土，全球新聞的百分比相對少得多。其實現在全世界都越來越注意關懷自己的家園，關懷自己生長的土地，尤其歐洲社會，對於本土歷史及文化的保護，長久以來，政府與民間攜手投入非常多及細膩的努力。只是反觀台灣，所謂的重視在地新聞，很多時候表現出來的，其實只是許多地方社會新聞及政治人物的報導而已。

當然，從公司公關的角度來看，若能擅用『關心台灣』、『台灣本土特色』、『台灣之光』或『從台灣連結世界』等的意念來製造話題，未嘗不是一種吸引媒體注意的好方法。

舉例來說，之前台視新聞曾有一個知名的新聞單元『失蹤兒童協尋』，結合當時的台視新聞部、中國時報、知名的電腦動畫公司麥可強森、以及兒童福利聯盟，共同為找尋台灣失蹤兒童而努力。這個新聞單元當時引起社會很大的迴響，企劃的主軸除了關心並協尋台灣失蹤的小朋友外，最大的特色是有許多的小朋友走失的時候年齡還很小，時間一但經過許多年，不要說周圍的人認不出已經長大的小孩，就算失蹤兒童自己看到自己小時候的相片，也不認識原來相片裡的小孩是自己。

此時參與企劃的麥可強森公司運用了一個當時電腦動畫界一項很新的合成技術，它可以透過電腦的計算，來合成模擬失蹤兒童長大的樣子。當電視觀眾看著小朋友的相片從小時候動態模擬成長大的樣子時，都驚嘆現在的科技竟然可以完成『大家一起看著不見的小孩長大』的驚人效果。

而當時的台視新聞部記者陳慧文專業執著的採訪，幫助一家又一家的失蹤兒童父母向全台灣的觀眾懇求幫忙找尋他們走失或被人抱走的小孩，當這些父母在新聞裡跟大家哭求的時候，全台灣不知有多少婆婆媽媽在電視機前跟著這些父母一起哭成一團。

也因此當最後真的找到失蹤多年的小孩的時候，隨著媒體的大幅報導，全台灣都能一起感受到找到孩子的喜悅。而當時的台視記者陳慧文也因為這個失蹤兒童協尋的系列報導，入圍了當年的金鐘獎最佳新聞採訪獎。而當時還不算大的兒童福利聯盟，也因為這個活動的加持，日後成為台灣有關兒童議題最具代表性的公益團體。當然，收穫最大的是台灣的小朋友，因為，這個公益活動最大的貢獻不是幫忙找到了多少小孩，而是提醒了所有的家長，要好好的看好自己的小孩，不要讓他們走失。

在媒體議題的設定上，『失蹤兒童協尋』是個經典的案例，因為它同時具備了許多電視新聞媒體的成功的要件：溫馨的題材、感人的內容、煽情的畫面、精彩的特效、以及高度的社會教育意義。

也難怪當時的台視業務部很開心，因為電視觀眾們誰也沒有想到，新聞單元收視率飆高，就代表著業務部的廣告賣得好，台視因為『失蹤兒童協尋』既受社會好評，同時入圍金鐘獎，又賣廣告賺大錢，真是名符其實的既賺了面子又賺了裡子。

有關台視新聞的『失蹤兒童協尋』後來還有一個後續的新聞，也頗賺人熱淚，有一天麥可強森接到一通電話，是花蓮慈濟醫院的護士打來，她希望麥可強森能幫她們一個忙，原來當時花蓮慈濟醫院的安寧病房有一個癌症末期的病人，他有五個小孩，最大的一個孩子還在讀小學。

這個病人此生最大的遺憾是沒能看到他的五個孩子長大，慈濟醫院的護士問麥可強森是否可以幫助病人完成這個心願？麥可強森當然義不容辭地幫忙了，護士說，當那一名病人在病塌上看到他的五個孩子模擬成的大學畢業的合成照片時，當時在病房裡的所有的人都哭了。

『台灣本土特色』也是一個不錯的題材，前台視及中天知名主播戴忠仁曾開過一個叫好又叫作的新聞性節目『發現新台幣』，內容主要是報導台灣各地知名的創業故事，大多是台灣各地有特色的小吃或連鎖企業。

這些創業故事的主人們，他們沒有顯赫的家世，沒有雄厚的身家，卻憑著獨到的眼光和創新的手法，以一顆顆土豆、一粒粒肉粽、一碗碗湯圓、一個個紅豆餅白手起家，發現屬於自己的新台幣。

這個新聞單元融合了台灣各地知名小吃或特色名店，加上店主親自現身說法，其中有許多創業者的人生還經過了許許多多的起起落落，豐富的畫面之外，還充滿了許多台灣之子的在地奮鬥成功的故事。新聞專題一推出很快就造成話題與迴響，最後甚至有許多台灣的加盟連鎖企業都主動的與戴忠仁聯繫，希望能獲得『發現新台幣』的報導，原因無他，新聞單元紅了，許多手持資金想創業的民眾都以『發現新台幣』作為創業加盟的參考。戴主播一時的新聞創意，無意間牽動了台灣某個產業的活絡及結構，電視新聞的威力由此可見。

說到『台灣之光』，這一陣子以來非『台灣之光王建民』莫屬了。多年來台灣能夠傲視全球，登上國際注目焦點版面的新聞議題不多，因此凡是能夠彰顯台灣形象，即使骨子裡跟台灣其實沒什麼關係的議題，只要能跟台灣能有一點牽連，都可以被台灣的媒體拿來大篇幅報導。

舉例來說，除了王建民，大導演李安大概是另一個經常被媒體提及的知名台灣人了，前一陣子有一個女性的台裔日本人當選日本國會議員，也被台灣媒體拿來報導，只因那個日本人有台灣人的血統，也被拿來說成是台灣之光。

『台灣之光』當然也可以是企業，而且，若新聞題材能從『台灣之光』從而『從台灣連結世界』當然就更值得報導，像是台灣的台塑集團、晶元雙雄台積電及聯電等台灣的產業科技精英等皆是。其實『從台灣連結世界』的新聞議題很多，不一定非要是台灣在海內外上市上櫃的大企業才是，只要公司或個人的實力堅強，新聞題材好，透過適當的管道讓媒體發現，媒體一般其實是樂於報導的。

當然，比較奇怪的，在台灣也存在著一些在國外非常知名，但在台灣反而不太被媒體重視的單位，其中最具代表性的就是故宮博物院了。故宮名列世界四大博物館之一，許多的特展經常被國外媒體大幅報導，在台灣媒體圈反而幾乎是個『沒有聲音』的單位。這在文化圈等較非主流的產業好像比較常見，像是台灣的一些藝文活動跟團體，在國際間的知名度也很高，像是『雲門舞集』等，但是近年來在台灣的曝光度顯然跟他們在海外的曝光度有些不成正比。

※台灣電視新聞媒體特色：小新聞常被中新聞擠掉，中新聞常被大新聞蓋掉

台灣雖然擁有全世界密度最大的新聞台，而且新聞台皆二十四小時播出，但是畢竟每一節新聞的時間還是有限，所以在新聞編輯的取捨上，還是經常會有遺珠之憾的情形發生。

遺珠之憾是什麼意思呢？就是文字採訪記者好不容易把新聞播出帶交到編輯台，但是編輯台的長官，像是該新聞時段的製作人或新聞部經理等，一開始就不把這段新聞放在預計播出的新聞LIST中。

所以，不是新聞記者來採訪你，並且跟你說應該會是什麼時候播出，這則新聞就一定會播。因為這種情況，很多時候其實連採訪記者都無法掌握。

電視新聞的編排不像平面媒體，可以有不同版面的固定的編制，比如政治版、社會版、家庭版及娛樂版等。電視新聞的編輯是線性的，頭條之後，就是一條接一條，最多就是插播重要即時新聞。因此，一但稿擠，就是把後面的新聞擠掉而已。

從平常電視新聞的編排方式，前面二十分鐘，多半會是政治社會的重要新聞，尤其是正在發生的新聞，一般LIVE報導會集中在這個時候。過了前二十分鐘，相對來說容易播議題較軟的新聞，比如比較沒有時效性的專題，或一些外電報導等。

文字採訪記者交出新聞播出帶後，第二種不播出的可能是，編輯台上為了怕新聞條數不夠，把一些新聞擺在最後面幾條當備用，一但前面的新聞夠播，這些新聞就播不出來了。這是第二種情形，就是排上了播出的名單，但是擠不到會播出的安全名單中。

而第三種不播出的可能前面說過，就是本來在安全名單中，但突發的新聞插進來，臨時把你的新聞擠掉。

還有一種情況可能會擠掉新聞，說來好笑，就是有時碰到一些比較愛說引言，或是引言說得比較長的主播，一般多半是比較大牌的主播，也有可能會把比較後面的新聞擠掉。

因為電視新聞中，小新聞常被中新聞擠掉，中新聞常被大新聞蓋掉，因此，若希望公司或個人的新聞能安全播出，我們可以做兩件事：消極的是祈禱當天沒有大新聞（當然，相反的，若希望公司或個人的新聞最好不要播出，就祈禱當天發生大新聞）。

而積極的，就是『算日子』。因為在工作日（每個星期一到星期五）發生的新聞一定比較多，而新聞台每節的新聞也差不多就那麼四十則，因此，一般民生的或比較沒有時間性的新聞若想播出，星期六日的機會會比平常日多，因為新聞較少，許多會發生新聞的地點，如立法院或許多公民營事業等都不上班，自然不至於發生什麼新聞。

※台灣電視新聞媒體特色：各新聞台當家主播及主管是社會重要意見領袖

台灣各新聞台當家主播及主管多身兼新聞製作人及媒體名人，他們可主導及影響媒體報導方向、報導內容、篇幅大小，從而影響社會觀感及判斷，影響力大，是社會重要意見領袖。

從一個小小的例子可以看出這些媒體名人在台灣社會的份量，筆者曾參加某知名電視主播的婚禮，婚禮中從主角到司儀等全是電視台主播，當然更多當天請到的親朋好友也都是台灣各媒體的記者朋友，說當天的婚禮是當時台灣新聞圈的一個大型聚會一點也不為過。

由於這位主播本身在台灣的知名度，再加上平日實在也很難得一次有這麼多的記者們共聚一堂，當天現場真是冠蓋雲集，副總統、立法院院長、幾位內閣部長、甚至連立法委員都來了三桌，號稱平常連立法院開會都看不到這麼多的立法委員。當時新郎新娘敬酒的時候，現場可以看見一個有趣的場面：就是主角新郎新娘逐桌敬酒，但有更多組的政治人物也一樣把握機會逐桌敬酒，於是現場可以看見N組人馬各自依其動線逐桌敬酒游走，畫面頗為有趣。

也由於這些新聞主播的社會影響力及份量，所以每逢這些主播跳槽時，都會是影劇版的新聞，而跳槽的價碼也總是坊間閒聊的話題。而為什麼每一個新聞台都非要一個『當家主播』或甚至不只一個呢？原因還是因為這些重量級主播可以為新聞台帶來收視率及增加新聞台的份量、影響力及話題。

全盛時期（update to Jul07）台灣各重要新聞台當家主播及高層主管多來自老三台時代的新聞王國台視新聞部：

＊TVBS副總經理李四端

＊TVBS新聞部總監潘祖蔭

* TVBS新聞部編審劉旭峰
* TVBS新聞部編審邱顯辰
* TVBS主播暨新聞部製作人方念華
* 東森美洲新聞台總編輯隋安德
* 東森新聞部總監李惠惠
* 東森新聞台主播暨新聞部製作人盧秀芳
* 東森新聞台主播暨新聞部製作人趙心萍
* 東森新聞台主播暨新聞部製作人廖筱君
* 大愛新聞台主播暨新聞部經理葉樹姍
* 中天新聞台主播暨新聞部製作人張雅琴
* 公共電視廣播集團總經理胡元輝
* 中央社業務總監袁宗哲
* 八大新聞總經理室特助劉忠繼
* 資深新聞主播暨新聞節目製作人戴忠仁
* 中廣節目主持人、名嘴、作家、電視節目主持人吳恩文
* 資深新聞主播暨新聞節目製作人汪用和（其夫為立法委員周守訓）

很驚人吧？以上所說的台灣電視新聞界的『台視幫』，還不包括散居兩岸電視台、購物台及企業界的老台視記者。隨便舉個例子，現任富邦文教基金會執行長陳靄玲，當初就是跟李四端雙主播的資深女主播，她在當紅時嫁給今天富邦金控董事長蔡明忠，在當時還傳為一段佳話。

而當年跟李惠惠同為台視新聞部女主播並被喻為一時瑜亮的的陳景怡，現在則是富邦ＭＯＭＯ台的副總經理。當然，台灣的話題女王、當過台北市市議員、新竹市文化局局長、曾算是半個藝人，因非常光碟案而遠走英國倫敦的璩美鳳，當初也是台視新聞部的一員。

而這些知名新聞主播隨著經驗、知名度及人脈的關係，部分也逐漸得到海峽兩岸三地新聞媒體的重視，並將觸角伸向對岸或香港。比如因跟大陸中央電視台當家主播白岩松多次合作新聞採訪而在大陸享有高知名度的盧秀芳，以及在鳳凰衛視主持新聞談話節目，而在大陸及香港的電視台經常曝光的汪用和等，除了見證海峽兩岸三地新聞工作者的接觸及合作越來越頻繁外，台灣資深主播及新聞工作者的專業及觀點，正迅速地對海峽對岸的大陸產生一定程度的影響。

※天涯若比鄰：台灣電視新聞媒體的全球華人效應

過去我們看新聞，常常會聽到一句熟悉的評語：茶壺內的風暴，形容事件的影響力其實只有茶壺裡面的一點點而已。

在通訊及兩岸資訊流通皆不發達的時代，要發生或發佈一件讓全球華人都知道的新聞，事實上非常的難，也因此，若有這樣的效應，勢必事件本身就是一件驚天動地的大事。

但是時代進入二十一世紀的今天，由於大多數大陸台商與部份大陸本地人，在大陸都會加接台灣的有線電視，因此大都看得到東森、TVBS及中天頻道的新聞及節目，因此若在台灣能上這些頻道的新聞，在這個前提下，經濟效益將會更高，公關推廣的效應會更大。

同樣的，目前台灣新聞媒體在全球華人市場也看得到，一樣還是東森、TVBS及中天頻道，影響力也無遠弗屆，主要涵蓋範圍為東南亞及北美華人市場（含美國及加拿大），主要也是以家庭加接有線頻道的方式。

由於這些地方的台灣僑民，無論當初是因為留學或是移民來到新大陸，因為心繫台灣這個土生土長的地方，加上大家都有許多的親朋好友都還住在台灣，對於家鄉的新聞，自然也會想要了解。

舉例來說，之前的九二一大地震，事件其實發生不過幾個小時，馬上國際電話的網路就把台灣電信系統塞爆，因為電視新聞媒體立刻將這個消息及新聞畫面在第一時間發佈到全世界，關心在台灣家人的全球華人立刻掌握訊息，透過電話等管道向家人表示關心。

再舉一個例子，台灣的藍、綠之爭，尤其是立法院的打架事件，透過電視新聞媒體畫面的強力放送，往往立刻引發全球華人的立即反應。台灣的藍、綠之爭，往往幾乎同一時間將戰線擴大到全世界的每一個角落，只要有泛藍跟泛綠意識的群眾的地方，就有永遠吵不完的藍、綠相爭。

此外，現在大陸資訊開放比以前進步許多，透過鳳凰衛視及相關媒體，台灣許多新聞幾乎都同步在大陸傳播，因此在台灣發生的新聞，其影響可能比想像中大非常多。同時，很多人都以為大陸資訊封閉，許多台灣的消息都經過層層過濾，大陸對台灣的報導消息不多，大陸的民眾被大陸官方刻意誤導台灣消息，大陸民眾根本無法第一時間了解台灣的社會動態及影響。

可是經過筆者長時間的在地觀察，發現好像並不全然如此。

可能近幾年來大陸無論在政治、經濟、軍事、體育及文化各方面都已經變成在全球動見觀瞻、喊水會結凍的強國，加上越來越多的大陸民眾藉著出國留學、移民及觀光開拓了視野跟世界觀，現在整個大陸的官方及民間充滿了一種對自己跟國家的自信及肯定。

而隨著台灣在世界經濟舞台上的邊緣化，加上邊緣化後導致的長年的經濟不景氣，台灣早期在各方面的相對優勢早已相形式微，連許多年來台灣最引以為自豪的民主，在藍綠惡鬥內耗及黑金體制下，原本被大陸官方視為洪水猛獸的所謂『民主的成就』，在現在大陸的官方及民間眼中，好像也沒有以前以為的可怕跟了不起，因為現今台灣這種不成熟及被政客恣意玩弄的半調子的民主，說實在，在華人世界，以前被台灣人笑不民主的大陸及新加坡，現在反而經常理所當然地笑我們是『民主的笑話』。

基於此，我們在大陸的電視上，就可以跟台灣同步LIVE看到台灣的國民黨黨主席選舉的所有競爭過程及黨員直選。甚至可以同時觀看台灣的選舉新聞，兩岸民眾同一時間看見台灣選出新總統。

連政治議題都可以這樣子了，更不要說民生議題，尤其是娛樂新聞。有一件事筆者的印象很深刻，在流行文化界，其實台灣跟大陸，甚至亞洲的市場，基本上幾乎可以說是一個已經整合的屬於年輕人的市場。君不見現在大陸、台灣、香港、新加坡、韓國、日本的藝人們，透過越來越國際化的市場行銷，都早已不再是本地型的藝人，而發展的策略，也都早已是以全亞洲為考量，也因此，整個亞洲的流行文化越來越趨於一致，這其中除了日本之外，現在的大陸早已是其中最大的一個市場了。

舉一個例子，我們就可以知道電視媒體的影響力有多大：就在不久前，台灣有一個主持、唱歌、演戲三棲的年輕當紅女星，在台灣的綜藝節目『我猜、我猜、我猜猜猜』中，她被男主持人吳宗憲問：

『妳知道對日抗戰總共打了幾年嗎？』，

可愛的女明星回答：『不知道耶！幾年？』，

『八年！』，

女明星回答：『才八年喔！』；

吳宗憲又問：『妳知道南京大屠殺總共死了多少人嗎？』，

可愛的女明星又回答：『不知道耶！多少人？』，

『四十萬人！』，

女明星回答：『才四十萬人喔！』。

就這麼一段在台灣的『我猜、我猜、我猜猜猜』中的一段對話，立刻遭受大陸群情激憤的網友抗議，這個當紅女明星原本代言大陸最大速食集團肯德基的電視廣告，沒多久就因為大陸民眾發動拒吃肯德基，迫使大陸肯德基全面換下該女明星的所有電視及平面廣告，讓該女星在大陸肯德基的所有視覺系統中消失，最無辜的是跟該女星一起拍代言廣告的台灣男明星，莫名其妙的跟著那位女明星被全面撤換。

※面對電視鏡頭，尤其是SNG連線的LIVE報導，切忌失態

每一個人的一生中，誰也無法預料是否有一天會面對突如其來的電視新聞的採訪，當台灣擁有全世界密度最高的SNG車時，穿梭在台灣大街小巷的SNG車，隨時都有可能會因不同的理由請你給他一個說法。也許你會認為身為一個平凡的市井小民的你，實在想不出來這輩子有什麼可能會被SNG車盯上，但是反觀每天電視上的新聞報導，受訪的人其實絕大部分原本也都沒有一絲心理準備，但是人生許多事往往說來就來了，古人曰：『毋恃敵之不來，恃吾有以待之。』，面對電視新聞鏡頭，有如何面對的概念，絕對比完全沒有概念要好得多。

面對電視新聞媒體跟其他平面媒體最大的不同在於，在電視鏡頭前，幾乎沒得說謊、掩飾跟躲藏。你的說辭、語氣、表情、肢體動作跟聲音，在在都已經告訴電視機前面的觀眾你的『說法』跟『態度』，至於輿論對你的判斷，甚至審判，其實在媒體播出的同時，社會大眾就已經對你做出心證。也許正反兩面的看法兩極，也許經過媒體剪接，但無可諱言，電視畫面對當事人的影響是直接且難

以轉圜的。不像平面媒體的報導我們還可以推說『我當初不是這樣說的』、『我之前沒有說』、『這是誤解跟曲解』可以推託。

當媒體鏡頭及麥克風找上你時，就代表全台灣數百萬人正盯著你給個說法，No NG，切忌逃避，切忌情緒化。請記得，當你身為觀眾時怎麼看電視新聞裡的當事人，全國觀眾就怎麼檢視你。

我們大家可以一同來推想，當我們是電視機前面的觀眾的時候，當看到受訪者時，有幾種情形一般人大概都不會喜歡：

1) 歇斯底里，大聲謾罵

其實若有人在電視鏡頭前還能謾罵失控，一定有他的理由，只是媒體鏡頭不會為你解釋為什麼你會失控？所以往往本來可以得到的同情，最後卻經常反而適得其反。舉例來說，最常見的情況，是刑案現場受害人家屬面對兇手或嫌犯的反應，一般經常會怒言相向、甚至拳打腳踢，但這種情形一般社會大眾多半可以理解跟諒解，只要現場狀況還可以，輿論不會太苛責。

再舉一個例子，之前有一個頗知名的旅行社在農曆年前惡性倒閉，老闆毫無預警突然捲款潛逃，經過電視新聞報導引起軒然大波，受害消費者紛紛找上門要求退費及拿回護照證件。

這事件中除了消費者無辜之外，最無辜的應該算是該旅行社的員工了，薪水跟年終獎金泡湯之外，還要承受消費者跟媒體的苦苦相逼，委屈跟壓力之大其實可以想見。因此在鏡頭前就看見有幾位旅行社員工竟然在電視機鏡頭前強行以粗暴的動作將媒體記者趕出旅行社大門，對著鏡頭大叫記者閉嘴，還跟記者對罵，當然，這些過程，都被記者刻意的完整播出，記者最後還帶上一句，主事者捲款潛逃，旅行社中『可能』還有共犯，然後在講『共犯』等字眼的時候，畫面上出現的是該旅行社失控員工的臉。

任誰都看得出來，該旅行社的員工得罪記者，記者故意整他們。然後本來應該得到社會大眾同情及幫助的旅行社員工（如輿論籲請勞委會協助等，這種事有媒體加持，官員就會積極處理，沒人注意，可能就會石沉大海，沒人理你，一來一往，差距甚大），因為一個失控的反應，反而在社會大眾間獲致一個不良的觀感，更談不上輿論的同情跟幫助了。

在這裡必須說明一下，在情緒下，沒有一個人是永遠冷靜體貼的，有句話千萬要記得，在任何情況下，不要隨便得罪記者，尤其是線上記者，也就是他正是跑你的相關的線的記者，因為在他的鏡頭或筆下，代表著輿論怎麼評判你，新聞一出去，對你的傷害立刻造成，許多時候，甚至是一輩子都無法挽回的傷害，不可不慎。

2) 躲躲閃閃，不願受訪

還有一種狀況，就是受訪者其實並不想回答，或被記者逮到了、逼急了，非要有個回應，就跟你躲躲閃閃，避不見面。這裡所謂的躲躲閃閃，指的是行為上的逃避，也就是突然看到媒體記者及鏡頭，顧不得姿勢難看，拼命跑給你追。鏡頭上就會看見記者追著受訪者問問題，受訪者一路跑或走，記者一路追。

舉個例子，之前因為國內某知名藝人疑似酒駕所意外引發的『股溝妹』事件，該名從藝人車上跳下車的年輕辣妹，因為穿著超低腰牛仔褲，在鏡頭前幾乎露出半個屁股而引起社會大眾注意，只見鏡頭前的她拼命遮著臉低頭狂奔，媒體為了追上她也拼命狂追，其實她只是個無辜的乘客，如此的態度反而讓人覺得她好像做了什麼錯事一般，更倒楣的是，事後竟有無聊的媒體竟然繼續追她當天的穿著沒品味，而且疑似全身都是仿冒品，還煞有介事地吵吵嚷嚷了好幾天。

許多時候，當受訪者被記者逼急了，往往會轉而惱羞成怒，變得歇斯底里，大聲謾罵，甚至會有攻擊記者的行為。但是經驗告訴我們，無論躲閃、逃避、發怒或攻擊記者的理由有多麼的正當，個人人權或隱私的保障有多麼的重要，只要是在媒體鏡頭前失態，少有讓社會大眾罵媒體，轉而同情你的機會。只要媒體揭諸『群眾有知的權利』的大纛，再加上這件事情社會大眾都好奇想知道多一些的內容，當事人的人權或隱私往往就會被媒體輕易地犧牲，連一絲反抗的機會都沒有。

舉例來說，在台灣，像這樣的情形有一個很有名的人，就是前總統陳水扁的女兒陳幸好醫師。大家都知道她從學生時代起就非常注重個人的隱私，無奈因為父親的關係，偏偏台灣的媒體就是幾乎天天跟著她，不但她的食、衣、住、行都要報導，感情、婚姻、家庭、生活細節等，甚至連她到商場買了幾件特價商品都幾乎全不放過。說實在的，這樣的跟拍追蹤法，不要說脾氣壞的人，平心而論，脾氣再好的人恐怕都會受不了。

但是偏偏陳醫師就是這麼的『有戲』，她跟她的弟弟陳致中比起來，容易讓媒體捕捉到她發火失控的一面，從而鏡頭前面所展現的『畫面』就比較有『張力』。說真的，你以為媒體記者真的很愛跟著她嗎？或者，說不定媒體記者本身內心深處其實是很同情她的，但是也沒有辦法，她有新聞價值，又能帶來收視率。

她也曾不只一次面對著記者的鏡頭大聲喝斥請尊重人權，但大家記得部份媒體以及不少社會大眾反過來對她的評價是什麼？是覺得她難搞、倨傲、脾氣壞、耍大牌跟要特權，這種情形連前總統陳水扁也都只能勸她凡事更低調及忍耐，誰叫她生在第一家庭，凡事被人用放大鏡來看，當真無可奈何。

還有一種情形，號稱比較容易引起社會大眾的同情，但事實上顯然骨子裡更加沒人權及隱私，就是世界各地都有的狗仔文化。

狗仔文化的核心本質其實就是社會大眾對公眾人物的偷窺心理，許多公眾人物，尤其藝人的一些隱私，雖說輿論都說要保護，但私底下最愛偷窺的往往也就是這些所謂的『輿論大眾』。當有些公眾人物或藝人面對狗仔文化的壓迫時，消極的就只能拼命閃躲，修養差一些的，或真是被激怒的，可能就會有攻擊狗仔隊的行為，但往往這樣的行為反而會讓狗仔們心中竊喜，因為畫面的呈現顯然可以賣更多的錢。像這樣的例子，前者據說有英國黛安娜王妃因躲避狗仔隊而車禍身亡（當然她身亡的真正原因眾說紛紜），後者則有許多東、西方明星因攻擊狗仔以致吃上官司的例子。

還有一種躲躲閃閃的態度是根本就躲起來避不見面，比如說躲在家裡面不出門，即使記者按門鈴，隔著對講機問話，要不然就是假裝根本沒人在家，要不然就是由家人（一般也有很多是透過菲傭）說此人不在家，以逃避記者的採訪。

當然還有一種躲得更徹底，就是乾脆躲到外地甚至國外，一般若到這樣的情況，很多已經不是給個說法的問題，而是躲避警方查緝，流亡海外了。比如前中央廣播電台的董事長朱婉清，一爆發弊案之後，第一時間就躲到美國避不見面，然後低調留在美國，再也不回台灣。還有一個更有名的例子就是東森集團的總裁王又曾跟夫人王金世英，當台灣全部的媒體在台灣、大陸、新加坡、美國的萬里追蹤之後，無論媒體怎麼追，怎麼守候，他們拼了命躲起來逃避台灣的追蹤，只是躲得了一時，是否有機會躲得了一世，就只看最後時間給我們答案了。

3) 顧左右而言他

有些比較有經驗的受訪者，既知躲不過記者的追逐，又被逼著一定要說些什麼，有時就會故意裝傻，顧左右而言他是最常見的一種。明明記者問的是某個問題，受訪者偏偏回答你另一個完全風馬牛不相干的另一種回答或回應，於是受訪者在丟下一句莫名其妙的反應之後揚長而去，留下記者們拼命猜受訪者剛剛到底是什麼意思？

這樣的狀況不一定對受訪者有利，很多時候對受訪者可能會帶來更多的麻煩。因為當事人不回答，記者為了對閱聽大眾有個交代，或對自己家的老闆有個交代，資深一點的記者就會『分析』這個事件或議題，但是換做資淺或媒體屬性比較不嚴謹一點的，受訪者的不反應或是隨便反應，就代表放任一些媒體隨自己好惡或『靈感』亂掰一通了。

一般受訪者顧左右而言他有幾種常見的說法：

i) 無法回答假設性的問題

這句話相信大家都很熟悉，許多有經驗的受訪者，尤其是政治人物，當被問到一些不好回答的問題時，經常會拿『這種假設性的問題，無法回答，無從回應』來阻擋記者的追問。

舉例來說，最常見的，在台灣，每逢選舉，就有『××配』的問題，往往當事人心中的定見尚未成形，或私下的運作尚未『喬』好，坊間媒體的推論、傳聞、民調、分析早就傳得沸沸揚揚，熱鬧滾滾了。

此時媒體最需要的，以及社會大眾最好奇與關心的，莫過於當事人給個說法。但是在這樣的情況下，大家最常聽到的，也就是這句『這種假設性的問題，無法回答』了。

ii) 談天氣，或表達對記者的關心

在台灣，『天大、地大、媒體最大』，其實在台灣號稱最大的其實是民意，或者，說得更精準一點，台灣的民意在許多時候其實很小，但當它換個名字叫『選票』或『票房』的時候，民意就很大了。而媒體由於代表或高度影響民意，所以等閑得罪不得。

有經驗的受訪者都知道，台灣的民眾（其實全世界的民眾都一樣）不喜歡行事高調、不謙虛、不體貼、油條的、沒誠意的受訪者，所以在鏡頭前，即使非常討厭或不願意接受記者的採訪，就算口風很緊，也不能一副拒人於千里之外的樣子。所以雖然明明什麼都不說，但也要態度誠懇體貼地、笑臉迎人地、和藹可親地說一些不著邊際的體貼話，像是『今天天氣不錯喔！』、『不要擠，不要擠，大家小心不要摔跤喔！』、『大家辛苦了！』等等，若記者一直守候不去，花些錢幫守候的記者們買便當、飲料等，都對自身的形象有幫助，所謂伸手不打笑臉人，花一些小心思，可以幫助自己化解非常多的攻擊。

第二章　台灣之媒體特性：報紙

※台灣影響力次大的媒體：報紙新聞媒體

其實這裡所謂的台灣影響力次大的媒體：報紙新聞媒體，隨著網路電子報的興起及電視新聞台的普及，加上消費者對於閱讀習慣的改變，傳統報紙對大眾的影響力的確在不斷地流失當中。

但是真的要談到對台灣的影響，尤其是在政治、財經、社會方面的影響，我們還是不得不說，在台灣，中國時報、聯合報、自由時報、蘋果日報、工商時報、經濟日報等幾大報還是有他們無可憾動的地位。

在台灣的媒體界，尤其是國家政策級的位階的議題討論，媒體圈的意見領袖還是報紙。往往某大報一篇報導或分析特稿，尤其是社論，往往引領其他包括電視媒體的追隨性報導，而談到對社會大眾，甚至對國家走向的探討及影響，報紙的實質影響力也居領導地位。

主要的原因在於，報紙主要以文字呈現，可以深入時事、分析事理，它不像電視因為有時間跟畫面的限制，尤其在屬於理念討論的議題時，很難有畫面，若要硬在資料片裡兜畫面，一來可能實在找不到畫面，二來就算有畫面，可能要向相關單位，如外電單位買畫面，成本太高。

而且，最主要的是，要深入做專題，又要趕上快速的播出要求，偶一為之尚可，天天搞，新聞部的記者絕對負荷不了。

所以，碰到類似的情況時，電視新聞台最多就是邀請專家、學者或政治觀察家，也就是一般所謂的名嘴到新聞台現場做訪談，即時LIVE地跟主播做討論，但這種情況也不可能常常有，因為電視機前一討論，整個電視新聞的節奏就變慢，觀眾轉台的機會就大增，除非這個事件太大，以致這個現場訪談變得很重要，電視觀眾也很願意看。舉例來說，像是大選過程中的時候，或大選結果剛剛出來的時候。

報紙天天登，對時事的進展有一定程度的掌握，而且可以深入分析事件。雖然說雜誌號稱可以更深入分析事件，但以雜誌最多一星期出刊一次來說，往往分析稿出來的時候，事情的熱度已經過了，或是雜誌分析的角度早已被事件發展的方向證明是錯誤的了。

也因此，若台灣社會有些什麼兩極化的爭論的時候，論戰的戰爭往往也都從報紙開始，而主戰場也是報紙。在台灣，藍、綠之間的對抗，無論在街頭、在立法院、或在電視的畫面中，藍、綠雙方報紙媒體的推波助瀾，以及資料、線索、理論基礎的提供，無論就報紙媒體本身，或隱身在報紙媒體後面的諸主筆及資深記者們，都對台灣的社會有著深遠及主導性的影響力。

另一方面，在民生消費新聞部份，近年來由於蘋果日報的加入，蘋果日報向來以大量的社會新聞、民生議題、影劇新聞，佐以大幅新聞畫面，加上經常出現的爆炸性獨家新聞八卦報導，往往引導媒體議題，在爭論中大幅拉高群眾的閱報率。

不但如此，蘋果日報由於非常善於主導社會議題走向，迫使其他相關媒體跟隨報導，因此在台灣短短數年，其發行量就超越中時、聯合等老大哥，穩居市場發行龍頭的角色。

台灣的報業市場雖然對台灣的影響力依然龐大，但是由於競爭太激烈，不但完全替代競爭者的競爭激烈（如各大報社間本身的競爭），部份替代競爭者的威脅也越來越巨大（如越來越多的新聞台及網路新聞媒體），甚至，連後起之秀的新型態大眾傳播媒體（如捷運報，或日漸即將興起的手機平台新聞媒體等）也來勢洶洶。

紐約時報的執行長甚至跟許多人一樣預測，總有一天，閱聽大眾將不再翻閱報紙，甚至未來的報業市場有可能會走向『無紙化』，台灣（甚至全球）報業市場如何走出現今所存在的『紅海』競爭，就完全看各大報報老闆及經營團隊的遠見及智慧了。

總之，進入二十一世紀，消費閱聽大眾資訊取得的方法越來越多，也越來越數位化，隨著時代的進步，以及資訊科技的發達，甚至大眾傳播媒體的定義都已隨著時代的演進而日新月異。

台灣傳統報業若無法找出自己的『藍海策略』或發展出縱效（Synergy）式的企業經營模式（舉例來說，現在的中時報系已經發展出中國時報、工商時報、時報周刊、中時電子報、中天電視的中時傳媒集團），像自立晚報等傳統報業撤出市場的情況將會越來越多。

※報紙新聞的組成要素：事件、話題及靜態畫面

相較於電視新聞的高度重視動態畫面及新聞的即時性（電視新聞強調報導『正在發生的新聞』），報紙新聞的強項則在於對二十四小時內發生的新聞能有

較詳盡的深入分析。而對於一些總有一天會發生，或在某些組合情況下一定會發生的事件，報紙新聞甚至會在事件發生之前就把專題寫好等著，等到事件一發生，稍作修改，詳盡的報導馬上就可刊出呈現。

舉例來說，有些事件總有一天會發生，像當年每隔一陣子就有鄧小平過世的傳聞，像這麼大的新聞，許多有關鄧小平生平及其身後對中國大陸的影響的專題報導都是事前早就寫好的，等到事件真的發生，大量的分析報導馬上刊登在全球各大媒體。

又如當年香港回歸中國，連時間跟地點都是大家早就預期一定會發生的，加上它的新聞性，因此，早在事件尚未發生之前，相關分析新聞早就大量見諸媒體，當然等到事件正式發生，屆時全球各大媒體，當然更是蜂湧到香港以見證歷史性的一刻。

至於某些組合情況下一定會發生的事件，像是選舉結果等，不是甲勝就是乙勝；不是國民黨贏就是民進黨贏，當然還有小勝、慘勝等情況，總之，就是某些『賽局理論』的相關結果，這些相關特稿的內容及素材，也多半都是早就準備好的。

說到報紙媒體的畫面，在美國CNN有線電視網在波斯灣戰爭正式宣告新聞從此進入『在事件中報導事件』的現代電視新聞呈現方式之前，在較早的時代，許多新聞事件第一線的畫面往往來自報紙媒體的靜態相片影像。

許多膾炙人口的歷史性畫面，像是第二次世界大戰，美國在硫磺島戰役的一群美國士兵，在硫磺島山頭撐起一面美國國旗的畫面就是一個舉世聞名的經典新聞畫面。一直到今天，最佳新聞攝影都還是許多新聞類獎項的重要項目。

還有一個新聞畫面也非常著名及經典，就是八九年六四天安門事件時，有一個中國青年手無寸鐵隻身阻擋一列坦克車隊前進，該坦克車隊在僵持一段時間之後，甚至因而轉向，那段新聞影片透過當時駐北京新聞媒體發送至全球各地，頓時撼動全球無數人，尤其炎黃子孫的心弦。

因此，好的新聞畫面的優勢在於，它不需要太多，甚至不需要任何文字的說明，就可以說明歷史、並撼動人心、感動世界。這樣的經典畫面太難得到，而能拍到一張可以流芳百世的經典畫面，是全球所有攝影記者的畢生夢想，也就因為基於這樣的夢想及使命感，我們才能看到世界上有這麼多的記者，冒著生命危險出生入死，出入各種危險的戰場、極地及險境，就是為了追求一張此生無憾的經典畫面作品。

說到新聞照片的呈現，有一個有趣的地方，就是歷史上的許多知名的新聞相片，它們的畫面很多時候都不太清楚，原因在於在捕捉歷史畫面的過程中，可能基於捕捉畫面優先的考量，或當時攝影記者所處的環境過度惡劣，都可能會使相片的品質不良。

但新聞影像的意義在於捕捉歷史珍貴畫面，以期讓後代子孫也能看見當時事件發生的情景，至於畫面品質的優劣，反而已經不是最重要的事情了。

※報紙新聞的呈現方式及特色

報紙的呈現方式一般有許多不同的模式，除了版面分配的不同之外（比如政治版、社會板、家庭版、民生消費版、影劇版、體育版、地方市政版等等），若以內涵區分，則有以下幾種：

1) 社論：

社論可以說是報社對某些事件或議題的官方立場，尤其報社對許多政治性或政策性的態度，看社論一看便知。在台灣，甚至許多人都可以做到一看某社論的內容，甚至標題，就可以八九不離十地判定是哪一家報社的社論。

歷史上經典的社論不少，不過在華人世界，最經典的社論之一是八九年北京天安門事件時，香港文匯報於中國政府武力鎮壓八九民運份子後的第二天，以開天窗的方式發表了一篇社論，整個社論只有四個字『痛心疾首』，短短四個字，道盡全球炎黃子孫及世人的悲傷及心痛，即使事件過去這麼多年，到現在許多人還印象深刻。

2) 專欄：

專欄指某些特定人士對特定主題的看法。不同的報紙、不同的版面、不同的議題、不同的執筆者，所定位的或所發表的專欄自然也不同。一般報社各版面的主編會跟名人、學者、專家、醫生或專業人士就某個議題邀請作者定期發表文章，也就是專欄。許多名人都跟報紙合作過專欄的寫作，專欄的議題也包羅萬象，像是政治議題類、醫學類、心理諮商、愛情分析、旅遊遊記、甚至心情散文等，不一而足，許多寫專欄的作家們在發表的文章累積到一定字數的時候，就會集結成冊出版，『專欄作家』的稱號自然就因此形成。

在台灣，專業背景、寫作、寫專欄、演講、教課、進而主持廣播或電視節目、拍廣告，是一些專業知識份子及文化人個人事業發展的標準軌跡，像是知名的作家吳若權就是從美商惠普（HP）科技、微軟公司，再一路轉型發展成為現在的著名作家及傳播人。當然，隨著網路世界的益形發達，從網路作家起家的專業作家或是公眾人物也開始逐漸嶄露頭角，成為另一種的文化新貴或網路新貴。

3) 專題：

專題經常為系列性質，有點像雜誌的報導，一般比較屬於客觀報導，記者比較儘可能根據他的觀察從事客觀事實的陳述，主要是透過記者的眼睛及對議題的鋪陳，讓讀者了解議題的內容，並引起迴響。記者在寫專題時，對某些議題會花比較長的時間追蹤跟採訪。有時一些得獎的專題新聞報導，記者甚至可能花上數月甚至一年以上的時間。由於一般新聞的專題報導比較沒有時效性，因此也就比較沒有立即刊出的壓力。

有一個有趣的情況，就是很多記者為了休假，或是報社主管為了因應記者們的休假（最多的情況是過農曆春節），記者會主動或被動的準備專題，以便在休假或放假期間報社可資使用。

4) 特稿：

特稿為以記者的眼光來看事件並作新聞分析，一般來說在報社有能力寫特稿的人多半都是資深記者，甚至主筆或總編輯，也有可能是報社外圍所邀請的專家學者。

特稿的功能在對特定事件或議題作深入的分析，一般多見於重大政治或社會議題，許多資深記者在跑線多年之後，對所主跑的路線幾乎都已成為資深且專業的觀察家、分析家及評論家，其中有不少記者路線跑久了就在該領域成了『名筆』，然後經常受邀到談話性或政論性節目參與座談，進而成為『名嘴』，接著因為通告太多（當然收入也比只是當記者的時候多）乾脆辭掉記者的工作而成為『資深媒體工作者』或『政治觀察家』，最後說而優而成政論性節目主持人。像唐湘龍、尹乃菁等就是電視、報紙媒體兩棲的知名代表。

5) 一般新聞：

一般新聞顧名思義就是平時各版各線所登的新聞消息，主要屬於每天發生新聞的客觀事實及過程的敘述及說明。許多事件由於每天都有新的進展，所以有人笑稱有時台灣的新聞跟連續劇一樣，每天都有新劇情，當然歹戲拖棚的時候，連讀者（其實包括記者）都會感到厭煩，但由於大家都登，為了不漏新聞，有時也只好一路登下去。

一般報紙新聞在新聞內文的開始時會註明記者姓名（如記者某某某台北報導），若是不註明是誰寫的，而改以『本報訊』，則一般要不是幾個記者聯合報導，就是刻意不想讓讀者知道是誰寫的。這種情況在報紙的社會版尤其常見，比如記者在寫有關治安或黑道新聞的時候，為免惹麻煩或遭報復，新聞前面就會只登『本報訊』。

許多大傳系或新聞系的學生都知道，新聞寫作有其一定的格式，一般看新聞標題便可大概知道全文的精神及訴求，且多半在新聞內文的第一段導言就會交代涵蓋人、事、時、地、物的內涵，最後才在全文詳述新聞的內容。所以由於有這樣的特色，讀者可以不必看全文就知新聞在說什麼，編輯在刪稿的時候（比如有時稿擠）也不必擔心新聞會變得不知所云。

※一般較易登上報紙新聞的訣竅

簡單說：有新聞性、完整新聞稿、完整相片檔案、充分應答的配合態度、配合採訪時間，再加上一些運氣，比如說原本預計登出當天沒有什麼驚天動地的大新聞，又或者總編輯臨時改變心意不想登了等等。

許多人都會期待自己公司甚或自己的新聞能上報，而且，不但希望能有曝光率，甚至期待報紙媒體的報導內容是有利於己方的、是自己想要的。想要獲致這樣的效果，與媒體接觸前的必要功課就顯得重要，以下的方法不保證一定會奏效，但是命中率絕對比甚麼功課都不作，坐等媒體來詮釋你要好得多。

事件本身要有新聞價值就不必說了，萬一公司的產品或活動實在看不出有什麼新聞價值，那就要想辦法儘可能的挖出新聞性出來。其實許多上報的公司或商品活動藉由明星代言或一些噱頭來吸引媒體，原因也就在這裡。

若是主動地邀約媒體，像是辦活動或記者會，又或者是媒體記者主動邀約，只要是有時間且有機會準備新聞稿的，切記都要不厭其煩地好好準備一份新聞稿把我們希望媒體記者注意的、採納的、刊登的所有內容清楚明白地、有系統地寫清楚。

而且有一個重點，新聞稿的內容應該模擬記者執筆的語氣，也就是模擬記者的身分跟角度及眼光來擬新聞稿。

因此，過度誇張的、一廂情願式的、如果你設身處地以專業記者自居而不可能會寫、會用的新聞稿撰寫方式，即使再捨不得，都只能捨棄不用。因為反正用了也沒有用，徒然讓記者不予採用，甚至影響記者觀感，將整個新聞議題捨棄不用，就相當得不償失了。

舉例來說，明明專跑你這條線的記者聽都沒聽說過你的名號，新聞稿卻偏偏要寫『全球知名領導品牌』、『轟動全國、強勢登場』、『本產品已造成搶購熱潮』、『全球矚目的新產品』等（偏偏很多沒什麼概念的企業主都很喜歡或很希望這樣寫），這些在專業新聞記者眼中擺明了是吹噓的，或涉嫌浮誇、與事實有出入的新聞稿內容，因為記者若採用登出將會有遭致輿論負面評價或攻擊的可能，從而影響在報社的考績及升遷，將心比心想一想，實在不會有人會為你冒這樣的風險的。

但是從另一方面來說，如果有一篇執筆專業、內容客觀完整具體、符合新聞報導需求的新聞稿，其實本質上是很受新聞記者們的歡迎的，因為這代表記者們可以在極短的截稿時間壓力之下，能夠從容的、遊刃有餘地交出一份新聞到編輯台。

換句話說，等於是你幫記者寫好稿了（記者只要刪刪改改、換些語氣詞、末了再以自己的名義署名就好了），其實只要符合記者的需求，誰也都會希望今天的工作輕鬆地完成，在此情況之下，若記者不太改你的內容，你將會愉快的發現，報紙登出來的篇幅跟內容，都將令你滿意，而且還不只這樣，你會發現同時將會有多家的報紙都登你的新聞，大大的增加公司或產品的曝光度跟知名度，皆大歡喜。

這裡有一個小訣竅提供大家參考，許多人開記者會提供新聞稿給記者，是以一張或數張（其實多了也沒有用，人家不可能用那麼多的，除非你是同時提供多種版本的新聞稿供記者選擇，但這種情形很少見）A4紙給記者們。其實真正專業及體貼的做法是：除了紙張版的新聞稿給記者當場過目外，應當再附送電腦文字檔案給記者們，這樣她們回報社之後只要稍作修改即可，否則又要人家照著A4紙重打一次，就真的是在找人家的麻煩了。登得越大越好，卻又要人家儘量篇幅

為了要儘可能攻佔媒體版面，讓整篇報導增加可看性，甚至讓特定人物及產品能讓讀者看見與認識，相片在新聞版面中的地位自然舉足輕重。一般除了現場記者（經常報紙媒體還會有專屬的攝影記者）當場拍的相片之外，對採訪記者來說，受訪者及受訪單位若能自行準備相關相片及相片檔案給記者，則更加貼心及專業。

附帶一提，雖然現在報社因為印製流程也大幅的數位化，但相片的提供還是不可忽視，原因很簡單，就是簡化記者在新聞編寫上的麻煩，在這裡，事先準備好的相片能讓記者輕鬆地決定用哪幾張相片，或跟她們的同事或長官討論用哪幾張相片，而不用將電腦重複開機關機地讀取受訪者所提供的大量（相片當然提供越多越好）檔案很大的相片檔（為了讓報紙印出來的相片畫質清晰，受訪者提供的相片檔案最好大一些），等到要用的相片選好了，再把這幾張相片的檔案拷貝交出去就好了。

以上有關新聞的新聞稿及相片的提供，還有另一個可供參考的常識：有時若受訪者所受訪的新聞屬專題性質，記者回去完成新聞之後還有稿費可領，不但文字有稿費，相關相片一經長官採用刊出，同樣也有稿費。因此，在這種情況下，希望新聞的篇幅完整、篇幅夠大（用白話來說就是字數多）、內容精彩多樣（相片多加上版面大），是記者及受訪者共同的期待。

※置入性行銷

近年來台灣的媒體圈經常可以聽到一個名詞：置入性行銷。所謂置入性行銷，顧名思義，就是將特定的議題、目的及意圖（可能是商業性的，甚或政治性的），藉由新聞形式的包裝，展現給閱聽大眾觀看，藉由新聞的權威性，及閱聽大眾對新聞媒體的信賴，誤以為所聽到跟看到的是媒體的公正客觀報導，在不疑有他的情況下，相信了媒體所傳遞的訊息或詮釋，從而得到某種印象，甚至做出某種判斷。

置入性行銷許多時候對專業的新聞從業者來說，是一種既不專業，甚至干涉專業的行為，而更多時候，更被許多具有理想的新聞媒體人視為不道德而深惡痛覺。置入性行銷的使用在電視、報紙等媒體都會發生，只是不同屬性跟議題跟對象的置入性行銷，在不同的媒體使用，其效果會有不同而已。

舉例來說，在政治上，有些政治人物或政黨，基於對本身政治利益的保護或對政敵的攻擊或掠奪，會聯合立場（或交情）比較接近的媒體高層，假媒體的客觀公正的形象，刻意傳達為己宣傳的訊息，或藉此包裝以不著痕跡地攻擊別的政治人物或政黨，有時不惜以扭曲事實或歷史的方式，遂行其動員族群及選民的目的。

置入性行銷若牽涉到政治或政治人物，由於牽涉到媒體高層，一般記者只能聽命行事（許多時候，光是媒體內部的文化、氛圍等內部控制系統，就已經讓記者知道該怎麼辦了，若碰到偶爾有白目的、不進入狀況的、反抗的，這類的記者多半不用太久就會主動或被動地離開），但是若僅是牽涉到商業目的，由於媒體層峰比較不會管，媒體內部的衝突就會經常發生。

舉例來說，企業界常有『產、銷間的衝突』，指的是業務單位跟生產單位之間常有的衝突，比如業務單位在業績的壓力下，花了好多時間總算拿到一個大訂單，正在竊喜不已的時候，生產單位卻不合作地說：對不起，做不出來或交不出來，希望別接這個單或條件重談（比如至少交貨時間延後等），往往搞得業務單位跳起來（第一，沒有一個業務單位會願意放棄到手的訂單，因為至少就會牽涉到已經到手的業務獎金；第二，也沒有幾個業務單位敢得罪客戶，平添業務變數），在各有立場的情況下，衝突於焉爆發。

在企業界，產、銷間的衝突經常發生，媒體也一樣，很多時候，經常是業務部的廣告大戶希望業務部配合廣告促銷期間，希望業務部協調新聞部能配合報導，或至少登個公關稿，以正式新聞的方式，作個置入性行銷，拐個彎做個廣告，因為這樣比單純的刊登廣告更能讓消費者接受（因為一但變成新聞報導，就代表媒體背書，消費者較易相信）。

還有一些時候則相反，廣告大戶出了一些問題，希望線上記者們高抬貴手，不要報導負面新聞，或最起碼高高抬起，但輕輕放下，大事化小，小事化無。

碰到這樣的情況，新聞記者或編輯台未必會理會業務部，因為新聞部並不負責公司業務的成敗，得罪客戶在體制上並不關他們的事，他們的職責是做好新聞，維繫媒體的專業客觀形象，讓更多的讀者看我們報紙的新聞。因此，若事情不大，業務單位可能摸摸鼻子算了，若事情很大，大到兩個部門的主管都喬不定的話，最後甚至有可能驚動層峰出面解決。

也因此，台灣的報社多年來也衍生出一種奇特的結構，就是有一種中間值的編制，叫『工商記者』，隸屬於業務部，也就是專屬於業務部，為服務業務部而存在的記者。

以工商時報跟經濟日報為例，除了正式的新聞版面外，還有一種版面，就叫做『工商版』，也就是搭配廣告送新聞報導，但這類的所謂『新聞報導』集中刊登，說穿了就是一群長得很像新聞的廣告，但嚴格說來，他其實也算是新聞，只是是一種比較不嚴謹的新聞，有其商業目的的新聞。

而工商記者也算是記者（他們的名片的職稱也是『記者』，reporter），只是除了採訪新聞外，他們還擔負了一個要求受訪者承諾會登廣告的業務使命，而若受訪者讓他們覺得不會登他們的廣告，在大部份的情況下（有時為爭取重要客戶，判斷登一篇報導後，隨後受訪者就應該會登廣告，就先賭一下，但這種情況不太多）他們也就不會採訪新聞，遑論刊登。

判斷是不是工商新聞有一個小訣竅，只要看該版面的左上角或右上角，只要該版面明示它是『工商版』，自然就是置入性行銷的工商新聞了。

會這麼容易判斷的原因也就是因為報社骨子裡還是要維繫他媒體的專業形象跟高度，不願為了一點業務代價就為某個企業背書。

但無論如何，由於讀者還是會看，所以依然有他的影響力跟價值。而且，退一步來看，對企業來說，把這則報導剪下來影印，避開『工商版』三個字，他看起來就是一則不折不扣的媒體新聞，對企業形象及業務的推廣，還是有其幫助及價值。

當然，對精明的廣告大戶來說，他們能不能因此就滿足，實在很難說，也因此，媒體內部的產銷衝突，依然三不五時的發生。

※台灣報紙在大陸

在大陸，許多地方都看得到前一天的中國時報、聯合報、工商時報及經濟日報，如上島咖啡等。但被大陸官方認定台獨色彩濃厚的自由時報，及得罪過大陸官方的蘋果日報則幾乎看不到。

在大陸廣大的台商族群（舉例來說，以上海為例，現在每天長居或出差至上海的台商已經超過五十萬人），看台灣報紙成為掌握兩岸脈動及一解思鄉之情的重要資訊來源，從這個觀點看來，由於現今的世界，與中國接軌，幾乎等同與世界接軌，因此，除非公司或個人的事業，或未來的生涯規劃僅僅只是守在台灣，而沒有或無緣有國際化的打算，否則，無論是登上媒體新聞，甚至只是登廣告，上中國時報及聯合報等，在這個前提下顯然是比較划算，經濟效益也會更高。

第三章　台灣之媒體特性：雜誌

在台灣，雜誌依其發行的週期可以分為週刊、雙週刊、月刊、雙月刊及季刊。雜誌不像電視及報紙有高度的時間壓力（隨時有LIVE報導的壓力或每天出刊），雖然準備內容的時間其實也不太多，但由於每期雜誌發行與新聞採訪的週期較長，因此一般針對特定議題能擁有更深入的報導，相對於報紙，也更圖文並茂，對新聞議題的影響也更深遠。

當今台灣雖然雜誌的種類眾多，國內國外各類雜誌加起來號稱上千種，但最為人知的，在財經週刊中以商業週刊及今週刊最有影響力；綜合週刊則是壹週刊跟時報週刊看的人最多；其他像是老字號如天下雜誌、遠見雜誌、新新聞等，都是台灣各階層意見領袖經常擷取資訊的重要資訊來源。

一般主流財經週刊皆會制定年度專題，若企業本身的新聞性或主題剛好能配合原先規劃的主題，則相對出線被報導的機會就會更大。

舉例來說，若雜誌所預先制定某月份的主題是針對台灣中小企業中，有關加盟連鎖企業成功經驗的報導。如果剛好你的公司恰好是一家在台灣成功的加盟連鎖企業，透過適當的聯繫，該期被報導的機會自然大增。

同樣的，若公司並不是加盟連鎖產業，那麼該期若向雜誌社的採訪記者爭取報導，被婉拒的機會就很大了，因為人家這一期根本不是要說這個議題！

當然，若公司的相關新聞議題真的很好，也許也能激發採訪記者的靈感或興趣，在多半的情形之下，雜誌社的採訪記者會將想法跟主編提出與討論，經長官同意後，記者即可規劃可能的相關報導，並進行採訪。

在此順道說明一下一般雜誌編輯採訪的流程：

每期截稿之後，針對下一期雜誌的報導內容會有報稿會議（類似腦力激盪會議，有時一週內這樣的編輯會議可以開好幾次），由每一位記者提出他認為可以深入採訪的一些主題內容，會議上會有總編輯及採訪主任等主管參與討論是否確認這個主題（如決定特定採訪對象或企業）及什麼報導方向，最後再定案，交由採訪記者著手進行採訪。

有時部份會議上記者提出的個別主題不一定會立刻被採納或於下期刊登，相關主管，如總編輯等會視情況決定何時刊出，所以原先被記者選定採訪或已被採訪的企業，就要癡癡地等，萬一運氣不太好，因為主客觀因素的關係（如議題已經過了社會關心或有興趣的時期），原先以為的媒體露出就會變成空歡喜一場。

以週刊為例，一但任務分配給各採訪記者之後，這時每一期記者可以採訪寫稿的時間大約也就只剩下兩三天的時間了，當然，記者會儘量利用他們零星的時間來分配他的跨週的採訪，所以他們最辛苦的時間大多在星期六到星期一，利用這三天狂寫稿，例如商周就是每星期二截稿，星期三送印刷廠，星期四上架（如各大書店、書報攤或便利超商等）。

講到雜誌對台灣的影響，除了天下雜誌、商業週刊跟今週刊對台灣財經企業界的影響力外（台灣大概沒有一個大型、中型跟小型的企業或企業主不以登上以上這三個雜誌的專題報導為傲的），號稱對台灣最有影響力的雜誌，無論大家喜不喜歡，相信在台灣許多人都同意非壹周刊莫屬。

跟台灣其他像是時報週刊、ＴＶＢＳ週刊等綜合性週刊比起來，壹周刊其實進入台灣不算太久，但是壹周刊一進入台灣之後，它所帶來的狗仔文化卻徹底顛覆了台灣長久以來的媒體生態。它以八卦、狗仔、跟拍、揭弊、報料聞名，幾乎每一期的封面故事跟封面照片都能引起全台、甚至更大範圍（如中、港、台兩岸三地等）的轟動，無論每期壹周刊所揭露的封面故事是政治的、財經的、影劇的、社會的人物或事件，往往引發當事人或單位，甚至台灣社會的重大影響（一般是重大打擊比較多）。

有人認為壹周刊進入台灣後，對台灣的八卦文化大力推波助瀾，其揭人隱私無所不用其極，令公眾人物聞之色變；當然也有人認為因為有壹週刊，讓台灣的一些人與事知所警惕，因為『舉頭三尺有神明』、『若要人不知，除非己莫為』。不要一個不小心，哪天東窗事發，莫名其妙的就上了壹周刊的封面。

當然，也正因為如此，由於壹周刊引領及創造新聞議題的能力太強，因此除了每期的轟動帶來每期壹週刊雜誌的暢銷之外，它所帶來的議題也往往迫使其他的媒體（尤其是電視及報紙媒體）不得不（另一種說法是引起其他媒體的高度興趣）跟著她們所設定的議題深入追蹤報導（又或者迫使她們的競爭對手們如時報週刊等做得比她們更八卦，更重口味）。有人說台灣的社會跟政治有如連續劇一樣地高潮迭起，媒體諸公的努力居功厥偉，其中，壹周刊絕對是最主要的主角之一。

當然，壹周刊無可避免的也往往陷自己於風暴的中心，官司打不完就不用說了，許多當初驚世駭俗的報料及報導，事後經法院判定其中有部分與事實並不相符，然而對當初的當事人卻也已造成無法彌補的傷害，只是經過了這麼些年跟這麼些事，壹周刊，甚至它的競爭者如時報週刊等，好像也沒什麼改變，繼續麻辣地帶給台灣的民眾接連不斷的震撼及茶餘飯後的八卦話題。

第四章　台灣之媒體特性：電台

對許多企業經營者，尤其企業內部的公關部門主管來說，公司上了媒體之後，將所露出的媒體內容予以保留，是未來公司業務推廣的利器。許多企業的業務人員在推廣公司的業務時，除了業務手冊之外，如果可以，若能攜帶一套公司的媒體露出紀錄，毋寧對公司取信客戶及市場，增加公司形象及附加價值是一項很大的加分。

如果業務人員所攜帶的媒體露出紀錄是一本檔案簿的話，裡面放置報紙、雜誌等平面媒體的報導是最方便的，而且在客戶面前，也方便展示與討論。若業務人員所攜帶的媒體露出紀錄是放在筆記本電腦中，除了報紙、雜誌等平面媒體之外，另外還可展示電視媒體及網路媒體的報導，在多媒體的聲光輔助之下，在客戶面前的業務效果當然更好，尤其在台灣（其實在世界各地都是），能上電視新聞，對企業形象的加持真的很大，同時客戶也更容易對公司留下更深刻的良好印象。

以上的各種方式及例子，都是植基於一般企業業務推廣的普遍習慣，但基於這樣的習慣，其實廣播是比較吃虧的，因為在平面方式業務展示的情況下，它無法讓客戶看到；而在多媒體的展示方式下（大部分是業務同仁帶著筆記本電腦），因為沒有畫面，只有聲音，加上廣播的內容一般比較長（比如一般較多、也比較典型的企業專訪，一般是安排廣播節目主持人跟受邀企業或來賓一起到錄音室裡聊天，往往一聊就是半個小時甚至一個小時），這樣的媒體紀錄的方式及內涵，一般對企業業務的推廣比較不容易有直接的幫助，換句話說，它比較不適合轉化為一種業務或公關的推廣工具。

提到廣播新聞，許多廣播電台的新聞是製作人參考當天的新聞（包括電視、報紙及網路新聞等）重新編輯並予以播報，在諸多新聞媒體中，堪稱是成本最低、結構最簡單的一種，這類的廣播新聞製作單位（大部份從頭到尾僅有一人），本質上並不算是專業新聞從業人員。

但若說到規模比較大的廣播媒體，如中廣新聞網、飛碟新聞等，比照其他媒體，也有專業的採訪記者及新聞編採流程，因為只有聲音，所以一般針對的閱聽人也比較特定，如開車族及公司內部廣播時（以廣播電台播出的聲音當作公司工作環境的『背景音樂』）的公司同仁等。

對台灣企業界來說，廣播比較屬於非主流媒體，但對流行音樂或一般民生議題，尤其交通路況，廣播則就有其不可取代的深遠影響。

以流行音樂為例，由於廣播媒體主要本身就是以聲音為主，加上廣播聽眾有其一定的數量，還有，歌手在打歌的時候所將面臨發生的宣傳成本也比較低，因此針對也以聲音為主的流行音樂市場，廣播電台長久以來一直就是流行音樂業務宣傳的重要戰場。

大部份歌手在打歌期間，通常都會想辦法儘量多敲廣播節目的通告，一來在節目中經常可以跟主持人聊天聊得比較久（比起電視來，時間跟機會真是大得多了，而且一般比較受到尊重，不必勉強自己在綜藝節目中去玩一些失去尊嚴的遊戲），二來對於唱片ＣＤ的內容跟歌手本身的介紹都能有較深入的說明跟交代，接著配合既定的媒體造勢規劃，一般來說對於唱片的銷售成績都能有不錯的幫助，套句現在的流行語：唱片宣傳上廣播，那是一定要的啦！

而對於企業的業務推廣來說，企業若要長期贊助一個廣播節目，跟其他媒體比起來，花費相對就小很多。跟電視比起來，除了廣告播出的單價低很多之外，相對少的預算限制情形下，廣播也能播出更多次的企業廣告，許多時候，若以一個專案的形式來播出業務廣告，以置入性行銷為內涵的活動新聞或節目配合，一般來說也比傳統的電視容易得多。

第五章　台灣之媒體特性：網路

若問二十世紀末人類最偉大，並且對人類的生活產生根本性的影響的發明是什麼？相信許多人都會告訴你：網際網路。

對許多人來說，網際網路已經成為生活中不可或缺的一環，靠著網際網路的連結，人們可以足不出戶，擷取全球各個角落的資訊，無論食、衣、住、行、育、樂皆可在網際網路中得到解決方案，此外透過e-mail、MSN、Skype等，更可以大幅降低通訊成本，提高溝通效能。

因為有越來越成熟的網際網路平台，改變了人類對『工作』及『工作環境』與『工作平台』的定義及觀念。『SOHO族』、『宅男』、『宅女』、『行動辦公室』等新興族群及企業經營生態與模式於焉產生，連『Orz』等新興的火星文等，都對當今年輕族群的溝通語彙產生根本的改變及影響。

網際網路對一般人生活習慣改變最大的一個例子就是閱報習慣的改變。過去大家看報紙的習慣是買一份報紙翻閱著看，現在則有越來越多的人不在每天早上買一份報紙翻著看了，他們打開電腦，上網看網路上的新聞，而網際網路也的確是全球新興崛起的新聞平台，未來甚至可能取代傳統報紙。

紐約時報的執行長不久前才公開宣稱，再過幾年，紐約時報將不再印刷紙張的報紙，而改以網路報紙的形式提供新聞給全球的讀者，甚至有人預言，人類歷史走進2040年之前，世界將再也看不到報紙，而都是透過網際網路來閱覽新聞了。

這並不代表傳統報社勢力的式微，而是隨著時代的演進，新聞的表達方式及表達新聞的載具產生了進化。舉例來說，目前台灣最具知名度及影響力的網路新聞平台如『聯合新聞網』及『中時電子報』即分屬台灣兩個大型報社集團。不僅如此，現在的網路新聞，其新聞露出的速度幾乎與報紙同步。

網路新聞的產生，目前幾乎都附屬於某個新聞媒體，因為現在採訪記者們編輯與撰寫新聞早就都已經改成電腦打字及存檔，新聞的source有了，再稍加改版、改編，網路版新聞就完成了。因此中國時報、聯合報、蘋果日報等各大報，TVBS、東森、中天等各新聞台，甚至中廣等廣播電台，旗下都有屬於該媒體的網際網路新聞網。

另一個網際網路對傳統報紙的結構性改變，就是讀者投書。

傳統的讀者投書是讀者就時事新聞加以評論及發表意見，意見內容寫完了之後寄到報社，經主編審核之後予以刊登。由於郵遞需要時間，因此針對對新聞的反應常有時間上的落差（在那個時代，讀者投書若沒有一天以上的時間差，而能非常即時的登出，九成是報社記者假讀者投書之名，行評論時事之實）；現在讀者則透過網際網路與報社連結，往往前一天晚上發生的新聞，第二天一早的早報就登出來了，幾乎完全沒有時間上的落差，因此不但能掌握及配合新聞的速度、節奏及脈動，經常也給當事人能有一個及時澄清的機會。

目前台灣各大入口網站如Pchome、Yahoo、Hinet等也有網路新聞，但多是買來的，最大新聞供應商為中央社。要判斷入口網站所提供的新聞是不是買來的其實很簡單，除了大部分入口網站會標示新聞出處外，若該網站沒有新聞部的編制，卻有專業的新聞提供，那不必說，必然是向某個或某些新聞媒體採購而來。

網路新聞平台互動性強，因網際網路高度互動的媒體特性，傳播的速度及能量極快極大，以讀者投書為例，說不定不遠的未來，新聞媒體最大的採訪記者群就是讀者本身，未來的新聞部可能最大的功能是篩選、查證、整理、編輯從世界各地傳來的即時新聞，透過一個結構化的新聞平台，讓更多族群的讀者（即分眾化的新聞），透過更低的成本、更有效率的新聞製作、更多元的角度分析、更多的新聞專業評論（因為屆時報社可以更有效率地經營跟培養更多的專業資深評論記者及主筆）、得到更多的自己需要的或有興趣的新聞資訊。

目前台灣網路新聞平台大都還屬於傳統媒體的附屬媒體，但未來前景可期，若以上筆者所說的下一世代的網際網路新聞媒體的時代能早些來臨（其實雛型已經開始形成，現在已經有電視台的新聞部開始鼓勵觀眾投稿自拍的新聞畫面，尤其是重要的即時新聞畫面，比如現在很多的災難現場的畫面，都是由當事人或附近的居民以手機或ＤＶ攝影機拍攝提供，因為第一時間，記者不太可能剛好在現場），網路新聞說不定有一天會脫離傳統新聞媒體，自成一個獨立的新聞傳播集團，甚至與傳統的新聞媒體分庭抗禮。

最後附帶一提，目前大陸對海外的網路新聞及資訊來源有一個專屬的『金盾計劃』，幾乎台灣所有的網路新聞平台，甚至非新聞性的知名網站皆被屏蔽，僅偶而中華電信旗下的www.hinet.net的網路新聞能闖關成功。

這對許多生活或出差到大陸的台商來說，是一個比較困擾的問題，雖然台商還是可以透過許多的管道看到台灣或世界其他地區的即時新聞或資訊，但還是會對生活及工作上造成一些不便，像是e-mail就會常常發不出去或收不到，舉例來說，台灣註冊人數最多的@yahoo.com.tw及@pchome.com.tw所發出的e-mail信件，在大陸就經常會收不到。甚至還不用到這一步，在大陸，因為『金盾計劃』的關係，想看看自己@yahoo.com.tw及@pchome.com.tw的e-mail，卻根本連www.pchome.com.tw及www.yahoo.com.tw都上不去了，更別提看到自己的e-mail了。

海峽兩岸在網際網路上還有一個問題要解決，就是繁、簡字體的問題。相信許多人都有這樣的經驗，好不容易收到對岸的e-mail，一打開，因繁、簡字體的關係，看到的是一堆亂碼，這問題針對兩岸在網際網路上的溝通的確是個困擾，隨著海峽兩岸互動的頻繁，未來繁、簡體字的轉換勢將成為重要亟待解決的課題。

第六章　台灣之媒體特性：中央通訊社

說到台灣的網際網路新聞平台，或者嚴格的說，應該說在台灣的新聞媒體中，有一個重要的新聞媒體，就是中央通訊社。

中央通訊社是台灣新聞人力編制最大、最廣的新聞媒體，幾乎全球各地皆有派駐記者（基於經費的理由，台灣各電視台及報紙的駐外人力其實有限，而且駐在地的點也不多，比如說美國，可能就由一兩個駐美國某地的記者，在事件發生時，在美國國內到處飛以支援報導），台灣各媒體經常引用中央社新聞，號稱台灣媒體中的媒體，就像中央銀行號稱是臺灣銀行中的銀行一般。

中央社由於有政府的支持（直屬於行政院），因此在海外，因為其龐大的新聞人力編制，以及駐外記者在駐在地人脈的經營（中央社甚至可以一個駐外的記者，在歐洲某處一駐就駐二十年，駐到成為當地的移民及公民，這在稍早之前的中央社來說是很常見的例子）因此常常可以得到許多海外第一手的新聞，舉例來說，當年波斯灣戰爭開打，全亞洲第一個正確及最早的獨家新聞即來自台灣的中央通訊社。

中央社又由於政府的法定編制，因此跟政府的關係自然很好（因為中央社的經費是政府給的，關係想不好也不行），許多有關政府的重要新聞，如新內閣的人事規劃等，中央社也往往有其權威的內線消息來源，甚至過去中央社經常被其他媒體批評或懷疑，中央社是政府高層測試國內對某些議題及政策反映的風向球。

中央社跟政府的好關係還有一個重要的原因，因為中央通訊社屬半官方組織，政府長年以預算補助，長久以來社長經常為前任新聞局局長或政府高層的指定人選，過去有很濃的酬佣性質。除了酬佣，公開的秘密是，歷來台灣政府都會想要『掌握』這個有影響力的媒體公器，由於台灣政治上的派系林立（無論是藍、綠之間，甚至之前執政黨民進黨內部的各山頭派系），因此掌控中央社就變成一件政府高層必須注意的議題，能安插自己信任的人領導中央社，當然就變成一件重要的事了。

中央社每日新聞的生產量很大，不但提供給各媒體新聞素材，同時提供各入口網站每日數十則新聞。因此若上了中央社的新聞，大概各入口網站（像是Yahoo、Pchome、Sina、Yam、Hinet）的新聞也就上了，在眾多網友每天只看網路新聞的前提下，進入各入口網站的新聞，其實是一件很重要的事，多數人覺得要同時上各大入口網站的新聞，爭取廣大網友的目光似乎很難，其實若懂得運用中央社的資源，幾乎就等於拿到了一張同時獲得各大入口網站曝光機會的門票。

有關台灣的中央社，其實還有一件值得注意的事情，中央通訊社既稱為國家通訊社，又擁有政府支援的雄厚背景，跟其他同等級的全球知名通訊社多數也都有合作關係，像美聯社、路透社、法新社、甚至新華社等（其中不少國際知名的通訊社，甚至在台灣的辦事處，就直接設在中央通訊社的總部裡），這些知名的通訊社相互間本來就經常聯絡及互通有無，因此，隨著企業全球化的進程，台灣的企業若想架構一個與全球媒體溝通或發佈新聞的管道，中央通訊社其實是一個頗為理想的平台。

第三篇

公益活動

第一章　企業永續經營及社會責任

身為社會公民的一份子，企業除致力於生存發展之外，對社會的回饋為當然的責任，對社會回饋越多的企業，社會長期對企業的回饋也越多。

企業在發展的過程當中，隨著企業規模的擴大，在社會上的影響力也經常隨之擴大，一般社會大眾，甚至政府對企業的期待也會不同，原因無他，古有明訓，擁有越大資源的人，其所對社會應盡的責任與義務也越大。

公司品牌及商譽的建立是百年大計，相對於口碑的建立，同樣的效益下，長期的公益回饋是相對較快建立品牌形象的捷徑；而相對於廣告行銷預算，持續的公益活動是相對較節省成本的方法。

企業若是長期贊助公益活動，除了以上的好處之外，還有一個對企業經營有直接助益的優勢，就是可以幫助企業合法節稅。對許多企業規模較大或者賺錢的公司來說，反正這些錢是花定了，不作公益也是要繳稅繳掉，可以說骨子裡這些錢本來就已經是不屬於企業的錢，與其如此，還不如回饋社會，博得公司長久的一個良好的社會形象，累積公司在社會上的『形象存摺』。

企業贊助公益活動跟企業投資行為一樣，其實也該講究某種程度的『投資效益』。這樣的說法看起來似乎權謀及現實了些，但基於對企業及受贈單位雙贏的期待，適合企業本身的受贈或受幫助的公益單位的選擇及策略依據其實是企業本身該做的功課。因為同樣的企業投入資源，可能因為不同的公益執行策略，將會為企業本身帶來不同的社會回饋及反應，對企業在社會上的『形象存摺』的內涵上，也會有不同的效益及影響。

舉例來說，今天企業本身有意願及能力回饋社會、贊助公益，但以下的幾個問題其實企業在贊助公益單位或活動之前應該事先予以釐清：

1）公益單位其實很多，為什麼最後選擇了這一個公益單位，而不是另一個公益單位？

2）贊助公益單位的形式是純捐錢就好了，還是還有其他的贊助方式？

3）企業贊助公益活動是單一事件活動（Single Case），還是長年的捐助？

4）企業贊助公益活動的執行單位是公司內部公關部門或職工福利委員會（Employee Club）出面就好了，還是上達層峰，甚至全體同仁總動員？

5）企業贊助的公益單位是否僅是單純的台灣的公益單位，還是幫助的對象擴及台灣以外？

以上諸問題其實都是企業贊助公益活動該事先想清楚的，一般企業對以上問題的考量基本上不外乎以下的幾個思考方向：

※有關贊助公益單位的選擇

企業選擇公益贊助單位，很多時候往往是企業主或企業本身主觀的喜好，他可能之前與這個公益單位有些淵源，又或者這個公益單位的某些主旨或幫助的對象獲得企業的感動或認同。

但是有許多的企業在選擇所贊助的公益單位時，卻是著眼於跟企業本身的事業發展有加分的效果。因為業態比較接近，因此許多時候企業說不定會比業態毫無關係的公益單位提供更多更到位的協助，而溝通上也會更加順暢，比如嬰兒用品企業贊助兒福基金會或家扶基金會、寵物用品或寵物食品企業贊助流浪動物之家或導盲犬協會等。

這樣的贊助有它的意義：

因為業種業態的接近，相關消費大眾很容易記得企業的公益之舉，因為在印象上很容易連結及記憶，除了在社會上、尤其在目標市場上塑造了良好的企業印象及信賴感之外，對於公司未來的業務銷售也將會有加分的效果，否則，若是單純的隨便選個不相關的公益單位來贊助，可能消費大眾沒多久就忘記了，或者時間一久，甚至會記成是另一家企業的善行。

贊助公益單位的選擇還有另一個考量，就是有時也會碰到某種程度的『門當戶對』的狀況，舉例來說，企業有分大小，公益單位也是，大型企業贊助大型公益單位，有其一貫的遊戲規則跟信用（Credit），公益單位也會放心充分予以配合，有的甚至在業界早已在某種默契上已經有了一定的刻板印象，比如花旗銀行長期配合贊助聯合勸募協會跟喜憨兒基金會、7-11長期配合贊助世界展望會跟家扶基金會等。

因此，若企業再選擇這些在社會上某個特定公益活動印象已經非常根深蒂固的公益單位時，若投入的資源不夠多及廣，可能媒體效益不一定會高。加上大型公益單位考量較多，不一定每一個贊助企業贊助的配合條件她們都會接受，簡單講，碰到比較小的企業，大型公益單位為保護單位本身（許多大型公益單位多年來早已碰到過太多假公益贊助之名，行公益單位背書及商業活動之實的企業）及考量既有的年度活動，能配合的地方本來就比較有限。

因此，企業在這樣的情形下，純捐贈就會變得比較單純，公益單位也會回饋企業獎狀、感謝狀、獎牌、獎座還有收據（方便抵稅）。若贊助金額或資源再大一些，也可能登上她們內部的刊物表示感謝，或配合企業發佈新聞稿，甚至請知名的公眾人物頒獎給企業（如聯合勸募協會就有以名人為主的勸募大使負責接受善款）。若企業覺得有類似這樣的新聞、相片或獎座等放在公司展示就滿意了，那當然很好，否則，若因認知不同，原本的滿腔熱情卻陰錯陽差感覺受了委屈，就比較沒意思了。

因此，也有另一種想法，就是找一些比較小的，配合度比較高的公益單位來贊助，好處是小一點的公益單位可塑性比較高（這裡所說的可塑性比較高當然還是指在符合一定原則下的配合度），企業若長期贊助，也比較能塑造一定的與公益單位間的長期配合形象，就像前面所說花旗銀行跟聯合勸募協會之間的關係一般，若長此以往，企業與公益單位一起逐漸成長茁壯，那最後的正面企業公民的形象將會有更大的加成效果。

當然，跟比較小的公益單位配合會有一個可能的負面因素，就是較小的公益單位由於編制小、成立時間可能比較短、甚至可能人治色彩比較重，總之就是比較沒制度，會不會因此到最後反而造成贊助企業的困擾，也讓企業在尋找要幫助的公益單位時，必須先做好功課，以免原本的一番美意，反而換來一場不愉快的經驗。

※有關贊助公益單位的形式

企業贊助公益單位的形式其實不一定只是捐錢而已，比如公司同仁定期擔任志工或捐出物件，像是捐出公司的產品提供義賣或讓公益單位使用，又或者公司買下一些物資轉贈公益單位等皆可。

舉例來說，美商惠普科技（ＨＰ）曾經認養陽明山國家公園的一塊土地，每到假日，就會有一批惠普的員工攜家帶眷的到陽明山清潔森林環境，或者是擔任解說員，這樣的公益行動在國內的資訊界及媒體圈曾經蔚為美談。

又如英商渣打銀行曾經認養台北市敦化北路跟民生東路交叉口的分隔島，他們撥出一些經費美化所認養的分隔島，因為這一段由渣打銀行認捐，所以渣打銀行可以順理成章的將『英商渣打銀行』的立牌放在分隔島上，跟幾公尺之隔的商業戶外廣告看板的廣告費用比起來，英商渣打銀行的贊助公益活動的做法，真是既贏了面子，也贏了裡子。

國內某知名軟體公司的做法也可以供作參考，他們將倉庫中的大量沒有賣出去的教學軟體透過公益單位送給學校，號稱市價將近兩億台幣，對他們來說，反正賣不掉的軟體也就是擺在倉庫裡了，還不如捐給各級學校，把商品當作展示品，讓學校中的同學們試用，因為若在平常的狀況，想要進入校園，還真是得要經過重重的關卡。

企業捐贈公司產品做公益還有一個非常膾炙人口的例子，跟前面的軟體公司類似，話說早年剛剛進入大陸的旺旺仙貝在大陸的發展並不順利，有一次一批旺旺仙貝因為銷不出去，傳說旺旺集團的高層最後決定反正再放下去也是壞掉，乾脆全部（據說約十萬包）捐贈大陸各小學，沒想到原本的『倒貨』行為，因為以公益之名，遂順利進入校園，而且始料未及地竟然造成轟動，從此旺旺仙貝在大陸小學生之間大受歡迎，公司業績蒸蒸日上，時至今日，旺旺集團已經跟康師傅集團一樣，成為台商在大陸的代表性企業了。

最近媒體上才提到有公司及個人利用公益捐贈逃稅的案例，雖然不足取，但倒也真的是別出心裁，方法是低價購買一批商品或用品，以捐贈公益之名真的捐給某些公益團體、政府機構或學校，但是學問出在當初買的商品是以低價買進，但在報稅時卻以高價申報，並以此藉機逃漏稅。

其實這樣的例子早已不是新聞，只能說在這樣的情況下，企業或有錢人等對於要買些什麼應該有一些設計或用心，舉例來說，送給學校的課桌椅明明一般人大概都能知道行情在什麼地方，卻偏偏要申報說是每張椅子市價一萬塊，相信對國稅局的稽核人員來說，這根本是擺明了要讓國家來抓他們。也因為如此，現在開始有人想到要找一些無法界定市價，價格說得再高，由於國稅局沒有專業的素養，因此即使懷疑有鬼，可能也只能徒呼負負的物件，至於這類物件是什麼呢？答案是古董及藝術品。

這方法其實許多有錢人當初是拿來逃避遺產稅的（若是逃避遺產稅，比較常用的還有高價的珠寶，比如說這一批珠寶明明市價價值新台幣兩仟萬，我跟國稅局的官員說是新台幣兩佰萬，除非國稅局的官員是行家，不過若他們能是行家，大多數應該也就不會去當公務員了），現在換位思考，就變成了逃避企業及個人稅負的絕招了。

回到正統的公益捐贈，順便告訴大家一個常識，很多人都知道公益團體的待遇並不高，行政經費經常捉襟見肘，原因除了主要是因為募款不易之外（尤其近年來台灣的經濟不景氣），還有一個重要的原因是因為法令的關係。

法律規定公益團體所募集的捐款中，只有百分之三可以用作薪資等行政費用（相信大部分的人都會認為我捐錢是捐給貧苦的、需要幫助的弱勢族群的，可不是要捐給公益團體的員工當薪水的）。因此，除非捐款人或捐贈人擺明了這筆善款是要捐做公益單位的行政薪資費用，否則善款的支用有其法律的規定。

此舉一來是避免公益單位中有人假公益之名中飽私囊，二來無可避免的可就苦了公益單位內部的同仁了，因此若不是本來就有一股行善跟幫助弱勢族群的熱誠、愛心與使命感，以公益團體微薄的薪資，其實真的很難留得住人才。

※企業贊助公益活動是單一事件活動（Single Case），還是長年的捐助？

一般決定企業贊助公益活動是單一事件活動，或是長年的捐助，取決於這個活動的本質是商業行銷的考量，或是企業長期品牌形象及基於企業公民責任回饋社會的政策及策略。

舉例來說，生活上我們經常可以看到許多的商品行銷，在銷售及廣告的同時，隨同整個活動附加一個公益活動。最常見的模式莫如：消費者每買一個特定商品，該品牌商品的廠商就相對捐出一筆錢給某個公益單位，消費者買得越多，該品牌廠商也就捐得越多。因此，消費就是做公益，而對廠商來說，既增加了產品的賣點，促進產品銷售，又可以做公益，提升產品及企業形象，一舉數得，何樂不為？

不過很多時候真實的狀況卻並不一定都這麼完美，許多廠商心裡面其實只是以公益做個晃子，非善意的（或者說很多時候，廠商其實缺乏正確的公益觀）在消費公益事業及弱勢族群。簡單舉例，有些廠商表面上宣示：願意拿出利潤的百分之一點點拿來做公益，理性的消費者就會發現，大家根本無從去了解所謂的『利潤』到底是多少？而這所謂的『一點點』，隨便算一下也可以算出最後捐的錢真的只有『一點點』。

這也是一個很壞的現象，許多公益單位長久以來也吃了不少虧，因為公益單位的名字被商業利用了，到最後卻只有可憐的一點點贊助費用，因為有些不肖廠商在消費利用完了公益單位之後，卻會找來一堆藉口不願付錢、拖很久才付錢、或只願花一點點錢打發公益單位，在惡性循環之下，到最後搞得許多公益單位會越來越謹慎地選擇贊助合作廠商，因而造成一些真正有心的企業反而在與公益單位協商的過程中，可能會遭遇到一些無謂的磨合的過程。

許多大型企業會長期贊助某個公益單位的某個公益活動，或公益性質的藝文活動，幾次（年）下來，該公益活動或藝文活動在社會大眾的心目中，幾乎就會跟該企業畫上等號，對企業形象的加分及品牌價值的加持助益甚大，如：

a) ING安泰 vs 台北國際馬拉松比賽

台北國際馬拉松比賽（Taipei International Marathon）主要是在台北市內舉辦的國際級城市馬拉松競賽，最早是在1986年3月9日於總統府前廣場進行。自2004年起由ING安泰人壽開始冠名贊助之後，它膾炙人口的大量電視廣告『你星期天有沒有空？有空！有空！』早已深植台灣人心，每年透過媒體的強力放送（包括商業廣告及媒體報導），幾乎都有超過十萬人的參與熱潮，同時也因為它的社會知名度、曝光率及號召力，經常也吸引許多公眾人物共襄盛舉，其中最知名的大概就屬馬英九總統了。

b) 台積電 vs 雲門舞集

雲門舞集是華人世界非常知名的一個具國際知名度的現代舞團，以西方現代舞的技巧，完美呈現東方本體的經典與意念，幾十年來其眾多知名代表作如『白蛇傳』、『薪傳』等不知感動了多少炎黃子孫的心靈，而其『廖添丁』、『女媧』、『夸父追日』、『紅樓夢』等舞碼，更讓西方人得以親炙東方的文化。也因為有雲門舞集等台灣代表性的文化表演單位，才能讓台灣在國際的藝文領域也能有與其他國家的藝文界有著平起平坐的地位。

c) 中國信託 vs 點燃生命之火

『點燃生命之火』以『點一盞燈，照亮一個生命』為主題，是台灣知名的公益活動，也是國內企業最早發起為弱勢兒童募款，歷史最悠久的慈善募款活動。至今已舉辦二十四屆，主旨在號召社會各界善心人士一起捐獻愛心，為台灣經濟貧困、身心弱勢的兒童募集更多善款。

近年來中國信託的企業形象廣告詞『We are family』全台灣大概沒有人不知道，而中國信託集團透過旗下慈善基金會的『點燃生命之火』公益活動，透過每年一個個創意活動的推廣，不但為企業本身爭取更多社會的認同、幫助了更多的孩子、也對台灣這塊土地帶來了溫暖。

※企業贊助公益活動的執行單位

對許多公益單位來說，有些時候贊助他們的不一定是企業的正式活動，而是某個企業內部同仁的自發性活動，甚至是企業內部社團的活動。像這樣的活動一般不在公司的正式規劃之內，這代表因此整個贊助的活動不會有企業的預算支援，因此大多時候是以志工的形式來幫助公益單位。當然，也會有企業同仁發動募捐，但除非這樣的募捐或贊助獲得公司（有時比較大型的企業，可能還可以包括像工會的協助）的鼎力支持，否則一般金額都不會太大。

對於公益單位來說，當希望爭取某些大型企業能給予幫助的時候，有時因為許多大型企業政策上早已有支持的公益對象，因此期初可能退而求其次，先尋求企業中某些次級單位的幫助，如前面所說的工會、職工福利委員會或公司社團等，等到跟公司的相關單位都比較熟悉跟了解之後，可能才能慢慢的拉高層級，獲得更多的支持。

※企業贊助公益活動的地區及範圍

企業的公益活動往往既是企業社會公民義務的體現，同時也是企業長期公司品牌形象的耕耘及投資。因此，當企業品牌的經營擴及跨國與國際化的時候，其所從事的公益活動是否也要有相對應的規劃，便是個值得討論的議題。

也許有些人會認為如果公司本身就是個大型跨國企業，或者至少是個企業版圖擴及幾個國家或地區的國際化事業，理論上找一個也是跨國際的公益單位來合作就好了。

但是在許多所謂的跨國企業的從事公益的經驗中發現，跨國企業在國際化的過程中，往往不可避免的會觸及『本土化』或『在地化』（Localization）的問題。同樣的，回饋社會，從事公益也一樣，許多時候，跨國企業贊助跨國公益，那經常是全球總部的決策；相對來說，在全球總部之外的各國或各地的分公司，為融入當地社會，支持及贊助某些當地代表性的公益團體，很多時候反而更能引起當地消費者的共鳴。

第二章　台灣較知名的公益單位及公益活動

※台灣佛教慈濟慈善事業基金會

（福田一方邀天下善士，心蓮萬蕊造慈濟世界）

精神領袖為證嚴法師，慈濟人行善享譽全球，足跡遍及世界各地，尤其兩岸民間哪裡有災難，慈濟人總是第一時間趕赴現場。兩岸及全球慈濟弟子眾多，財力及人才資源雄厚，尤其網羅兩岸眾多政商界高階精英的認同及投入，在大陸是極少數在民間有組織、有影響力，卻還受到中共官方尊重的民間團體，證嚴上人更多次被國際媒體點名角逐諾貝爾和平獎。

慈濟的志業包括：慈善、醫療、教育、人文四項，統稱為『四大志業』；另投入骨髓捐贈、環境保護、社區志工、國際賑災，此八項同時推動，稱之為『一步八腳印』。

1985年僑居各國的慈濟人，將慈濟志業延伸到海外，凝聚在地的愛心資源，推動濟貧救難等工作。目前全球有四十個國家有慈濟分支會或聯絡處。

本著尊重生命、肯定人性的精神，慈濟援助都以人道精神考量，超越政治、種族、宗教及地域，凡是災區有需求而慈濟能力所及，均全力以赴，為苦於災難的人們增加生命的希望。

自北極圈的天寒地凍，到熱帶地區的酷熱難耐，慈濟志工不辭路途遙迢，翻山涉水身冒疫病、戰亂危險，懷抱『難行能行』信念，一次次達成艱困任務；除了物資的協助，也帶動災民互助互愛，促成災區的自立與重建。期待他們未來有能力時，也能回饋國際社會，形成一個充滿大愛的地球村。

※台灣世界展望會

世界展望會是一個國際性的基督教人道救援機構，在全球一〇九個國家及地區中均有世界展望會的工作人員及人道協助，世展最知名的公益活動包括『飢餓三十』及『資助兒童計劃』等。

台灣世展長年跟7-11合作，港台藝人不夠大牌還上不了世展活動的媒體宣傳，許多藝人再沒檔期也要接下世展的代言活動到世界各地行善，再苦也願意，可見世展的形象及份量。

舉例來說，2006年世展的『資助兒童計劃』就請到亞洲的偶像天王言承旭到蒙古陪伴蒙古的小朋友，並擔任代言人。而在此之前，張艾嘉、張惠妹、孫燕姿、梁詠琪、S.H.E等也都曾先後為世展代言並到世界各地行善，天之驕子及驕女的他們，在經歷了完全不同的另一個世界之後，都覺得能參與這樣的公益活動感到驕傲與開心，更懂得如何用悲憫的心，去看待這個世界。

天王天后們皆能在百忙中不畏艱險及惡劣的衛生條件，到地球的許多苦難的地方去幫助需要幫助的人，不但因此提高了他們的形象，彰顯了他們內心赤子之心及人性溫暖的一面，也因為他們能影響及帶動太多的影迷們也能將心比心地去參與公益活動，相對於平常他們為大家所帶來的歡笑，這樣的為大家帶來『愛』的感動，其實是他們對社會更大的貢獻。

※中華社會福利聯合勸募協會

聯合勸募協會是一個國際性的非營利事業單位，是一個專責募款的機構，有效地集結社會資源，並統籌合理地分配給需要的社會福利機構或團體，同時結合一批『社會資源的專業經理人』，統一且合理地運用社會各界的善款，並代替捐款者監督善款的運用情形。

舉例來說，社會大眾所捐獻的善款，其實大多數的時候在分配上其實並不平均，台灣需要被幫助的人及單位（如某些孤兒院、療養院或養老院等）很多，但並不是每一個都能被社會大眾所看到，這時，聯合勸募協會就可以負起做社會大眾『眼睛』的角色，幫大家照顧到最多需要照顧的人及單位。

除了為大家找到更多需要幫助的人之外，透過專業的分工及制度，聯合勸募協會的專業人士們（含社會各階層的專業精英，如會計師、律師、企業家等），基於一份服務社會的使命感，還另外負起監督及輔導這些被幫助的人及單位善款使用的情形，最後年度提出報告，讓捐獻善款的社會善心人士知道大家所捐獻的善款，最後是如何有效的幫助了需要幫助的人。

聯合勸募協會長年跟花旗銀行合作年底聖誕節前夕的募款活動，並長年獲得TVBS的大力協助，透過花旗銀行體系及TVBS的媒體的力量，聯合勸募協會發揮了他們『聯合勸募，聯合幫助』的使命，並在將近二十年的歲月當中，幫助了無數的需要幫助的人。

※兒童福利聯盟文教基金會

兒童福利聯盟自成立以來即一直致力於兒童福利工作的推展，除了提供兒童福利服務之外，也進行兒童福利相關的研究。此外，兒福聯盟秉持了倡導兒童福利觀念，以及保障兒童人權的一貫宗旨，持續性的推動兒童福利相關法令的修定，並且積極協調及結合全國兒童福利的相關機構、團體，彙集民間資源與資訊，共同來監督政府落實相關法令與制度，期使每一個孩子都能夠健全的成長。

兒盟自成立以來，為因應社會的變遷與隨之所發生的問題，開展了許多新興的直接服務方案，包括收／出養服務、失蹤兒童協尋服務、棄兒保護服務、托育諮詢服務等，兒盟秉持為兒童謀取最佳福利的宗旨，由專業的社工人員一方面為特殊際遇的兒童提供相關的保護工作，同時也為一般性的家庭建構完整的支持網絡。

多年來兒童福利聯盟不斷積極地對社會大眾倡導兒童福利與兒童權利的理念，期待喚起更多社會大眾對兒童權益的重視。尤其兒盟每年發佈的『台灣兒童人權報告書』，更是各媒體每年注目的焦點，是台灣有關兒童議題的代表性公益單位。

※創世基金會

順手捐發票，救救三種人：植物人、老人、街友。

創世基金會自1986年起，進養了第一位植物人，在社會善心人士點點滴滴的愛心支持下，穩定發展。在『順手送炭，不增善士負擔』的原則下，創世自1993年開始，推動『順手捐發票、救救植物人』活動，由於發票不時發揮小兵立大功的特性（多年來也曾中過多次大獎），因此發動各行各業加入此愛心行善的活動，並邀請資深義工投入募款及對獎的行列。

基金會屬非營利性質，凡政府冊列低收入的清寒家庭植物人，均提供照顧，而植物人安養院，僅從事安養服務，無醫療行為。有鑑於『貧窮邊緣』的植物人家庭生活困苦，照顧者身心俱疲，自1989年起，創世開放中低收入戶植物人家庭入院安養，凡領有植物人身心障礙手冊，政府冊列中低收入戶、無法定傳染病之證明者，即可申請入院，入院後補貼教養費之部份負擔，其餘安養費用由創世支出。

安養植物人是一條長遠而艱辛的路，困難重重，其中最嚴重的就是看護或醫護人員難找而且流動性大，最失望的莫過於『沒有成就感』。不論再累、再辛苦，這些植物人也不會醒來，說聲謝謝。

僅管如此，創世前前後後仍安養了約八百多位植物人，幫助約八百多個辛苦傷心的家庭，這都是靠著社會上愛心朋友的支持，弱勢的人才因此能享有這份福澤。在『安樂死』沒有合法化之前，創世仍堅持給這些植物人最妥善的『安養』，不能因為他們沒有知覺，而放棄他們應該享有的人的基本權利。

※家扶基金會

家扶基金會已成立超過五十週年，秉持著『關懷今日兒童，造福明日世界』的宗旨，致力於關懷、鼓勵、扶持及輔導家庭遭遇變故而經濟困厄的兒童，以期使他們能接受正常的教育及成長，協助失依、失養、失學的兒童及其家人，重建家庭的功能，邁向自立。

家扶基金會的主要工作包括：

a) 貧困兒童暨青少年扶幼服務

凡十四歲以下的兒童，因家庭遭逢變故或其他原因而導致收入不足以維持生活者，均可由家人或親友向家扶基金會所屬廿三所家扶中心申請扶助，每名受助兒童由家扶基金會安排一至二名認養人，每月支付定額認養費，在經濟上幫助他們。不但如此，除了經濟方面的幫助，認養人還可以藉書信或實地探訪，去關心所認養兒童或青少年的身心發展。家扶基金會在台灣最知名的工作也就是認養兒童的工作，過去幾十年來，許多貧苦的孩子們因為家扶基金會的認養而得以健康正常的讀書、成長、就業、成家，在長大有能力之後，他們再加入認養的行列中，陪著家扶基金會再幫助更多下一代的需要幫助的孩子，如此一代一代的承傳下去，創造了台灣許多溫馨的奇蹟，也為國家培養及挽救了許多差一點就被社會夭折的人才。

b) 兒童保護服務

為了有效保護受虐待的兒童，家扶基金會所屬家庭扶助中心在全省各縣市都有設置『兒童保護專線』，接受個案舉發與諮詢，並邀請社政、醫療、教育、司法、傳播媒體、企業等領域人員組成『兒童保護委員會』，協助推動受虐兒童的保護服務。

c) 不幸兒童少年保護

民國八十四年政府頒佈『兒童、少年性交易防治條例』，家扶基金會即擴大服務範圍，除繼續關心和協助身心受虐待的少年之外，配合該條例於五個縣市設置了關懷中心與緊急收容中心。

d) 寄養服務

家庭是兒童最佳的成長場所，但當家庭發生重大變故，無法照顧兒童，或家庭不適合教養兒童時（如兒童虐待個案時有所聞），兒童應何去何從？兒童、少年家庭寄養服務，即針對兒童親生家庭無法提供暫時或長期的照顧，且不期望也不可能被收養時，所提供給兒童及少年一個有計劃期間的替代性家庭照顧。

※伊甸社會福利基金會

患有類風濕關節炎的輪椅作家劉俠女士（杏林子），因著上帝的召喚及一顆愛身心障礙者的心，期望為牠們建造一個屬於自己的家，於是捐出多年稿費，並和六位志同道合的朋友，於1982年12月1日將這個夢想實現，創造一個屬於身心障礙朋友的、以及弱勢族群朋友的『伊甸園』。

也因為這份理想，從創會當時只有兩個半職的工作人員到今天，透過社會大眾、政府、企業、民間團體、志工的協助，服務觸角亦從成年身心障礙者的職訓、就業輔導、心靈重建，一直延伸至發展遲緩兒童的早期療育服務、高齡老人居家照顧服務、以及災民的重建工作，還有重建戶、新移民、原住民、以及國內外地雷受害者等等，目前每天在伊甸接受服務的人，從兒童到老人超過五千人，二十多年來總共有超過五十多萬個弱勢者及其家庭接受了伊甸基金會的服務。

※喜憨兒基金會

喜憨兒基金會最讓大家印象深刻的地方，就是多年以來，在花旗銀行贊助的公益活動及廣告之下，大家看見了喜憨兒們在『喜憨兒烘焙屋』中，認真執著地工作著。雖然是固定，甚至被外界認為是單調的工作，喜憨兒們認真且快樂地工作，他們要向社會大眾，尤其他們的家人跟爸爸媽媽證明，也許他們並不聰明，但是還是能夠靠著認真的工作態度，自力更生，成為對社會有貢獻的一員。

因為他們的質樸、誠懇及努力，喜憨兒烘焙屋往往能得到社會大眾，甚至企業界的支持，大家長期的訂購喜憨兒們所製作的可口的麵包，一起來鼓勵這群台灣大家共同的孩子。

喜憨兒基金會主要的工作包括：

a) 喜憨兒烘焙屋及烘焙餐廳

以溫馨動人的方式耕耘殘障福利事業，提供一個有效的工作訓練場所及工作機會，讓心智障礙者的能力，發揮在生產上，減輕政府與社會大眾照顧殘障者的成本。殘障者藉著工作，與社區民眾建立關係，增加互動，用好口味、用愛、用真情，博得社區真心的支持與認同，重塑殘障青年的形象，強化宣導關懷殘障的成效。

b) 喜憨兒社區家庭

家是生命的倚靠，家的溫暖可以滋潤生活。喜憨兒長大了，父母也老了，喜憨兒要有屬於自己的家，像這樣的家：六到八個人組成一個家，每個家由一至兩名輔導人員擔任父母職務（也就是社會監護人），來協助安排生活起居，孩子們白天就業，晚上回到這個溫暖的家，週末則由親人接回，如此，由家屬與社會共同承擔教養的任務，即使有一天父母老了、走了，喜憨兒仍享有妥善的照顧，擁有幸福。

c) 臨時及短期托育

喜憨兒基金會與多名臨托教保人員簽約，提供中重度心智障礙者短期、臨時的照護服務，以解決家庭照顧者的需求及困難。當家屬因為發生緊急狀況，或病了、累了、或是出國而無法照顧喜憨兒時，便可以向喜憨兒基金會申請臨時的照護服務，而這裡所說的照護服務的方式，包括定點服務、在宅及寄養的服務（含夜間）。

d) 就業服務及輔導

自食自立是每個喜憨兒家庭的夢想，喜憨兒們都希望能從被照顧者的角度，轉而成為提供社會責任的社會人角色。因此，喜憨兒基金會積極地透過社區化支持性的就業服務，提供心智障礙者工作訓練的洽詢、工作的媒合、推薦就業，以及職場輔導的服務。

※流浪動物之家基金會

一般人在面對街頭的流浪動物時，第一眼的感覺會抱以同情的眼光，但絕少會主動伸出援手來幫助牠們，以致街頭流浪動物數目與日俱增，在此同時，是否也代表著人類對於不同形式的生命愈來愈不重視？這種現象是人類文明進步的產物，抑或是人類的善念已被文明的進步所湮滅？

十年前的流浪動物之家在這種情況之下成立了義工組織，為這群被社會遺棄的流浪貓、流浪狗默默付出心力，如今組織不再是祇有幾個人在為流浪動物奔走了，在多位原發起人及社會知名人士的支持下，由以往的流浪動物之家脫胎成現今的『流浪動物之家基金會』。

而基金會最終的使命則是『直到街頭看不到任何一隻流浪動物為止』。

這是一個長期又困難的任務，但是生命是無辜的，每一個流浪動物的受苦都不應該是因為人類的一時好玩或不負責任所能交代。人類應該對每一個生活週遭的流浪小動物們心懷悲憫及照顧的心，並視為是我們教育下一代所應該身體力行的身教。

而不同國家的人民人文素質的高低，從他們對待生命的態度就看得出來，一個制度嚴謹、體貼保護流浪動物的國家，絕大多數的時候，也會是一個珍視國民生活品質、社會祥和、而且遠離暴力紛亂的社會。

流浪動物之家總共有七個工作使命：

1) 建立完善的動物收容教育中心：先解決已經被主人丟棄流浪在外的動物。

2) 推動動物福利的各項措施：促進現有的保護動物法早日完成通過。

3) 犬籍登記管理制度：讓人類體悟萬物平等，深入動物情感能量的真情。

4) 節育推動：讓流浪動物成為歷史名詞，每個動物都有一位值得依賴的主人。

5) 設立動物福利診所：透過參與動物的健康生活狀況，瞭解萬物生命的價值。

6) 成就終極關懷的人道世界：這是流浪動物之家的最終目標，也是成立基金會的本質。

7) 教育宣導：正確飼養動物的觀念。

※行政院新聞局之『豆豆看世界』

一九九八年行政院新聞局以一系列『豆豆看世界』的電視公益廣告在各電視台播出，可愛豆豆的童言童語立刻擄獲全台灣大人小孩的心，其公益口號『關心自己，也關心別人』更成為家喻戶曉，人人至今仍朗朗上口的知名廣告詞，一個公益廣告及活動，意外的因此改變了多年來行政院新聞局及政府的嚴肅刻板的形象，大家覺得，原來政府的形象公益廣告，也可以這麼的可愛，這麼的觸動人心。

『豆豆看世界』系列廣告後來獲得4A廣告金像獎的『永恆金句獎』，並成為當時國小學童下課時的熱門遊戲：比賽看看誰最能背出『豆豆看世界』廣告裡的台詞。

由於豆豆的大受歡迎，加上他本土及童稚可愛的形象，再加上肖像擁有者麥可強森公司的熱心公益，豆豆之後還陸續擔任內政部、聯合勸募協會、兒童福利聯盟、統一集團旗下好鄰居基金會等許多公益團體的公益代言人角色。

最特殊的一次，『豆豆看世界』甚至還跨海到海峽對岸，擔任大陸中央電視台與大陸婦聯會所共同主辦的『大地之愛，母親水窖』（這是一個大陸全國為開發大西部，共同募集資金，為缺水的大西部貧苦居民建置水窖，也就是水塔）的公益活動的公益代言人。

電視廣告的標題還是『豆豆看世界』，豆豆童稚的童言童語，以及以一個六歲小朋友，以好奇及關懷的眼光看世界的可愛詮釋，再度獲得大陸觀眾的熱烈迴響。

至今豆豆已經連續為『大地之愛，母親水窖』公益活動代言超過十年，『豆豆看世界』的公益廣告也還不時出現在中央電視台的頻道上，並擴及中央電視台全球華人世界的播出，成為橫跨海峽兩岸，擁有最多全球華人粉絲，屬於華人自創肖像品牌的第一人。

第三章　台灣媒體與公益活動

台灣各媒體為自身形象及社會公民責任，其實皆願意主動或被動地規劃或參與公益活動，因此，若能配合台灣媒體資源及公司政策，企業結合媒體推動公益活動，再加上知名的公益單位，常能產生相互提攜知名度及形象的效果，間接增加公司的業務推展。

一般媒體參與公益活動，多半為協辦性質，也就是媒體受邀釋出他們的頻道或版面資源，大部分是新聞部或業務部的資源，大力支援活動的宣傳（比如以新聞的形式，或廣告的形式），讓更多的社會大眾知道以及認同這個公益活動，從而有更多的捐款或其他形式的迴響。

不過需要注意的是，同性質的台灣媒體參與公益活動的主辦或協辦往往有排他性，因此一個公益活動往往只能有一家報紙加一家電視台等參與協辦，且其他同質媒體會排斥報導（也就是這個電視台不會為另一個電視台協辦的公益活動報導，這家報社也不會為另一家報社報導他們所協辦的公益活動）。

因此，往往有經驗的公益單位不一定一定會選擇與某個媒體合作或不合作，因為與某單一媒體合作，該媒體的投入當然會較大，例如聯合勸募協會與TVBS及花旗銀行的年度募款，TVBS可能就會花一個月的時間（端視公益活動的時間長度，但不必然活動多長，電視台宣傳的時間就多長，因為電視台的頻道時段的確很寶貴）發動台內的廣告宣傳及旗下藝人及主播共襄盛舉（如TVBS就可能會發動旗下的藝人及新聞主播們一起拍攝贊助的公益廣告，藉由一群明星的加持，效果及在觀眾心中的份量及注目的程度當然就大大不同），效果當然很大；但是結果在電視台方面就是TVBS一家玩而已，其他電視台可能就不買帳，公益活動的畫面在其他電視台或新聞台就可能會完全看不到。

而從另一個角度來看，若某個公益活動並沒有特定的媒體協辦或主辦，就代表在記者會的時候，所有的媒體可能都會出現及報導。不過，大部分的時候，各媒體均報導的時間多半也就是當天或隔天的新聞，要大家都連續的、長期的報導一個公益活動，在實務經驗裡，除非主辦或贊助的企業花大錢同時買各家廣告，否則，實現的機會還真是蠻低、蠻難的。

企業與公益單位合作推動公益活動，是否找特定媒體主辦或協辦，尚有另一個需要注意的地方，就是一般來說媒體的主導性會很強，要求會很多，用白話文來說，就是許多時候，媒體會讓一些公益單位及企業感覺蠻跩的。

這也難怪，這個時代媒體屬強勢單位，媒體對社會大眾的影響力龐大，媒體享有的社會資源豐富，因為頻道資源又只有那麼多，大家都希望能得到媒體關愛的眼神，加上一個重要的理由（這個理由當媒體打算拒絕你的時候，你會很常聽見）：『媒體是社會公器』！加上媒體現在有政府單位（如NCC），及媒體同業的相互監督，因此顧慮當然會比較多。

也因此，所以才會有許多公益單位寧願不打算找特定的媒體合作（當然啦！大多數的時候，是媒體並未同意與你合作），但企業若仍期待所贊助的公益活動能邀請媒體參加成為夥伴，以擴大聲勢及得到更好的社會迴響，依筆者的經驗，除了周詳專業的活動規劃（這一點一般大型企業會委由專業的活動公關公司，或專業人士來執行），所贊助的公益單位又是在社會上素有規模形象、深獲社會尊敬、信任的大型公益團體，最重要的，在許多的情況下，當然不是在所有的情況下，最、最、最重要的是，企業本身除了可能的實質捐贈之外（一般當然指的是捐款），企業對該公益單位的活動宣傳最好能有一定的廣告預算（一般這樣的預算來自企業內公關部及業務部的預算支持，因為若只靠公關部的預算，大概廣告預算的規模一般就不會太大）。

企業從事公益活動，在一定的廣告行銷預算的支持下，就會發現，有媒體的主辦或協辦，媒體主導性雖然強，但是募款的效果較好，而且，買廣告會得到較大的折扣，因此，算算還是蠻划算的，只是既然有某媒體的主辦或協辦，當然大部分的廣告就只能下給該媒體了。

舉例來說，多年前花旗銀行剛開始贊助聯合勸募協會每年十二月的年度募款活動的時候，當時花旗銀行整個活動經費的預算只有區區兩百萬元，但透過聯合勸募協會行文給ＴＶＢＳ請求支持，該公益廣告除原本聯合勸募協會所爭取來的免費公益播出時段之外，當時的ＴＶＢＳ幾乎是以不到三折的廣告時段代價讓花旗銀行贊助的公益活動電視廣告大量曝光（當時廣告的最後兩秒載明是花旗銀行贊助，兩百萬的廣告預算買到一千多萬的廣告量，你說花旗銀行爽不爽？）。

不僅如此，當時的ＴＶＢＳ還發動許多知名藝人及旗下新聞台主播，共同拍攝公益廣告代言，並在頻道內密集播出。

雖說這是一個成功的公益活動，但說實話，花旗銀行因此次公益活動的贊助所獲得的企業形象，相較於其實質所花費的經費，以及平常純商業廣告所花費的單位成本，怎麼算，都是一場面子、裡子都非常成功的行銷公關活動，而對花旗銀行業務的間接與直接的幫助，更是筆墨難以形容。

說到公益廣告時段，依據行政院新聞局的規定，電視媒體皆有公益廣告的時段及時數，擅用公益廣告時段，可得到免費的公益電視廣告播出的機會，但時段當然不會太好，黃金時段的機率不高。

企業贊助公益活動若想要充分利用所有可能的曝光機會，事先就須充分做好功課，以期用最精簡的資源，讓受贈的公益單位及弱勢團體得到最大化的幫助。只是企業未必對公益事業及公益活動的內容跟執行方式及細節有最專業的了解，因此，除非經驗已經很多，初期跟較大的公益單位合作會少走很多的冤枉路，對平常不易接觸到的媒體資源，也比較能藉著較大公益單位的引薦及帶領，而能有建立屬於企業自己媒體關係的機會。並且在這樣的情形下（指因為公益活動）所建立的媒體關係，很容易讓大家在初見面的時候，彼此留下很好的印象，而好的開始，就是成功的一半。

附帶一提的是，媒體所參與，尤其是媒體所主導的的公益行為，不一定都是事先規劃好的，有時甚至是臨時性的。比如經常可以見到的某個家境清寒的家庭亟需社會大眾的幫助，甚至有代為協尋失蹤人口的案例，往往藉由媒體的報導而引起社會的高度關切，甚至因此間接拉抬及鞏固特定媒體的收視率，但此舉往往不被公益團體所鼓勵，因為會有貧戶變大戶的不公平現象產生。

舉例來說，藝人胡瓜曾主持的節目中，曾有一個『勝利計劃』的單元，就是每集專案式的讓某個值得同情的人或家庭完成某個挑戰，若過關就予以某種程度的幫助，以協助這個人或家庭人完成心願，或度過難關。

這個節目的創意其實很好，在國外也有不少類似的節目創意，想當然爾這樣的節目必然深獲同情，賺人熱淚，尤其是主持人跟當事人在鏡頭前一起哭成一團的畫面更是節目收視的保證。

雖然這類節目偶爾會有一些個案會被觀眾懷疑有做假的嫌疑，但就筆者的立場來看，做節目的動機若是從關懷人性『愛』的角度出發（至少最後所展現出來的效果是如此），讓觀眾們相信我們所處的是一個充滿愛的世界，在看電視的時候，我們可以很真誠地教育我們的孩子，我們應該同情他人，幫助他人，因為『同情、關懷、愛』是人類最高貴的情操。

如果節目製作單位或電視台因此而獲利，其實無可厚非，但是若是連這類標榜關懷社會可憐人的節目都沒人要看的話，我們才該擔心，台灣真的病了！

還有一種情況比較常發生在新聞部，這裡所說的新聞部泛指電視新聞及平面新聞，許多公益單位期期以為不可的情況多半也是發生在這種情況之下，就是所謂的貧戶變大戶現象。

舉例來說，如果大家還記得，曾有一個小學二年級的小學生，因父母早逝，與阿公祖孫兩人相依為命生活在一起，生活清苦。小學生在學校是好學生，品學兼優，回到家之後，自力更生地在自家後院種菜，說要給阿公吃。

他們祖孫兩人的故事透過新聞鏡頭告訴社會大眾之後，引起廣大迴響，紛紛反應要資助這兩個相依為命的祖孫，還要鼓勵這個孝順阿公的好孩子，情況熱烈到電視台還特地為他們設置一個捐款帳號，後來小學生因為社會善心人士的大量捐款，據說現在名下擁有六棟房子。

還有一個知名的例子發生在國內知名的財經雜誌商業週刊，商周曾有一個知名的專題報導『一個台灣，兩個世界』，是台灣近年來討論M型社會的濫觴，其中有一個小女孩小如的故事：

南投縣名間鄉的小如，正準備跟五十二歲的爸爸去田裡工作。從出生以來，小如多數的時間都在田裡度過。即使豔陽高照，六歲的她仍然打著赤腳來回田埂間，幫爸爸扛著農作物。除了黝黑的臉，她還有滿身的泥巴。

不管小如的父親如何努力，台灣的小農似乎總是找不到出路，從種生薑、鳳梨、茶，到檳榔、山藥，每年換得的現金不到二十萬元，連支付銀行利息都不夠。以債養債的結果，就是負債持續擴大。這個黑洞，看不到盡頭。

這一天，小如蹲在一排排的鳳梨前，許久不動，阿嬤不耐煩的問她，到底在做什麼？小如答：『我在問鳳梨，什麼時候長大？』

原來，小如看到同年紀的堂兄弟都已經上學，也很想上學，但是，爸爸告訴她，等鳳梨收割賣錢，才有錢給她上幼稚園。於是，她每天都看著鳳梨，告訴鳳梨要趕快長大。小如的起跑點，與有錢人家的小孩差了十萬八千里。

台灣的貧富差距正以驚人的速度擴大當中，因而形成『一個台灣，兩個世界』的落差。

商業周刊的報導引來廣大讀者的迴響，大家尤其關心等著賣掉鳳梨上學的小如的情況，故事有一個美滿的結局，大潤發集團買下了小如家所有的農作，作為賣場的促銷品。為此台灣的媒體又是一陣報導，其實結構上對大潤發來說，整件事就是跟一個農作的供貨商買了一批貨而已，可是大潤發舉手之勞，順勢一個符合社會期待的動作，果然又是一個既賺面子，又賺裡子的公關公益傑作！

其實在媒體上類似的案例不少，但公益單位的立場是，每一個在媒體面前展現的特例，其實在台灣都不是特例，在台灣同樣需要幫助的弱勢族群比比皆是。大家應該思考的是，社會大眾的愛心是不缺的，聚沙成塔，社會大眾所能幫助的金錢及資源也是不缺的，缺乏的是有規劃的引導，而不是單一家庭或個人問題的解決，甚至因此發財，由貧戶變大戶，相信這也不會是當初社會大眾幫助這些人時的初衷。

因此，如何做到幫助最大多數需要幫助的人，實現某種社會的公平正義，其實需要政府單位、公益團體、以及媒體同仁的有心與合作。

第四章　公衆人物與公益活動

所謂的公眾人物，顧名思義，就是大部分的人都認識的人物，一般包括政治人物、藝人、企業家、藝術家、電視主播及近年來新興的名模。由於他們經常在媒體曝光，尤其是電視媒體，因此大家對他們的外貌、背景大多耳熟能詳，其中許多甚至還擁有眾多的粉絲（Fans）。他們多是社會上的意見領袖，他們的一舉一動對社會上的許多人會有一定程度的影響力，無論好事壞事，都可能會帶來社會各階層一定程度的學習跟模仿，帶動風潮，甚至逐漸改變社會觀念，因此公眾人物所擔負的社會責任，其實比一般人更多、更重、也更不能逃避。

以未婚生子為例，就在不太久以前，未婚生子還是一件大逆不道，為社會所無法接受，家人所無法諒解的事。近年來不過十多年的時間，因為一些知名女藝人（遠的像沈時華、近的像丁國琳等），甚至女企業家（最知名的是台灣高鐵董事長殷琪）的帶動（她們只是自己如此做，光明正大的做，理直氣壯地做，不像以前別人一樣低調地做，其實並沒有刻意推動，但人數一多起來，就成了某種帶動），不僅現在成年女性未婚生子不再是一種羞恥的事，甚至某種程度變成了現代女性尊重自己、人格獨立、經濟自主及展現自我的表徵。尤其在演藝圈的流行下，甚至成了某種時尚！公眾人物帶動社會觀念的改變，在此算是一個經典的例子。

因為公眾人物對社會的影響力，因此許多公益活動都會期待能有知名的公眾人物加持及代言，這原理其實跟商品廣告一樣，有明星的背書、推薦跟廣告露出，整個活動在社會上就會有更高的能見度、能獲得更多人的注意、從而可以得到更大的收穫跟效果。

而在台灣，若要公眾人物能不分立場（如藍、綠政治人物）、排除時間障礙（如檔期）、不怕有損專業及權威形象（如企業家及主播）、又能熱情免費鼎力相助並共聚一堂的，只有一種機會跟可能：公益活動。

公眾人物願意參與公益活動的理由有以下幾點：

1) 助人之心，人皆有之：

公眾人物跟我們大家一樣，從小所受的教育教導我們，助人為快樂之本、好心有好報、平日多做善事，可以積陰德，迴向給家人。其實只要能力範圍允許，不涉及利害衝突，沒有人是不願意幫助別人的。

所以若是國內的公益單位有公益活動，只要檔期跟行程能安排，許多公眾人物其實沒有大家想像中的那麼大牌或不好邀請，除了因為企業贊助的關係，他們可能會比較小心不要沾染了太多的商業色彩之外，只要他們相信你（說來說去，還是要比較大的、有公信力的公益單位），多數公眾人物是很樂意參與公益活動的。

2) 提升自己形象，彰顯身份：

有些比較大型的公益活動，由於可能參與的各界精英眾多，能獲得邀請，有時反而是一種彰顯身分的表徵。比如像世界展望會每年的代言，不夠大牌的藝人，還不一定排得上，換句話說，在演藝圈，能排得上某些知名及大型公益活動的代言，不但代表某種地位的肯定，有些時候，因為這樣的機會跟國內知名的企業或企業家有了些互動，因而有了未來進一步接觸的機會（比如說，進而未來變成該企業產品的代言人，甚至，因此促成一段姻緣，嫁入豪門，這在國內外都有前例可循），當然，公眾人物在參與公益活動的時候，大概很少人的動機會這麼功利，但若是因此成就了一段好的後續發展，其實倒也是好事一樁。

3) 增加媒體曝光機會：

公眾人物之所以叫公眾人物，就是因為經常在媒體曝光，許多公眾人物，尤其藝人之所以能有影響力，甚至說得白話一些，能在演藝事業持盈保泰，不停的曝光對他們來說，是一件重要的事。所以若能有形象好又能曝光的機會，許多藝人肯定是會共襄盛舉的。

因此，若要找藝人來代言公益活動，就有一個小訣竅，就是趁著他們最需要曝光的時候，也就是在發片宣傳的時候。因為在宣傳期需要密集曝光，公益活動只要能敲到他們的時間，一般宣傳期的藝人會高度配合。但主辦的公益單位或企業需要注意一件事，要在事前溝通清楚，避免讓牠們喧賓奪主，反而模糊了公益活動的本質。

第五章　企業形象與公益活動

台灣民間有句名言：平時有儲蓄，臨時不用急。用這句話來形容企業的形象存摺，真是再貼切也不過了。

大家都知道，企業品牌在消費者心目中形象及知名度的建立甚難，有人說教育是十年樹木，百年樹人，企業形象的建立也是一樣，可口可樂、百事可樂、肯德基、麥當勞、迪士尼、IBM、HP、Google、Yahoo、3M、微軟、福特、花旗銀行、中華航空、中華電信、宏碁等，每一個知名及良好企業品牌形象的建立，莫不是長期以來企業經營績效及對品牌投資的長期耕耘而來。

企業品牌形象佳的好處，在消費者的消費行為上，知名度高、形象好的企業產品，較易獲得消費者的信任及購買，許多時候，同樣的商品，消費者寧願選擇價格比較高，但是知名度高、形象好，消費者比較『放心』的商品，因為消費者就是要買一個『安心』。

舉例來說，同樣是搭飛機，就是有比較多人比較喜歡優先選擇新加坡航空，因為他們的飛安紀錄優、整體服務好、品牌形象佳，也因此讓牠們蟬連多年消費者心目中最佳航空公司的殊榮，因為消費者選擇他們比較放心跟安心；同樣的，在台灣，同樣是買一包泡麵，許多人就是寧願多走幾步路到巷口的7－11，而不願到自家樓下的沒品牌的小雜貨店或小超商，而泡麵不就是泡麵嗎？7－11這個通路品牌，就是讓你比較放心跟安心而已。

有些時候，消費者在購買商品時，商品的『功能性』導向已經變得不是唯一的考量，甚至不是最重要的考量，此時，『買商品』的行為已經轉化成『買品牌』的行為了。這在精品及奢侈品裡尤其明顯。舉例來說，LV的包包、BMW的車、百達斐麗的錶、香奈兒的精品等，在這些品牌身上，『品質』只是基本條件，彰顯身分地位的品牌及品味，才是它們的價值所在。

同時，企業品牌形象在財務上的另一個專有名詞叫做『商譽』，當企業的『商譽』化作企業財務報表的時候，它的另一個名字就叫做『無形資產』，而『商譽』及『無形資產』是可以被量化的，一但企業的『商譽』被鑑價，知名企業的『商譽』的價值往往甚至比企業的有型資產的價值（指折算成金錢的數字或股價）還高。

舉例來說，『可口可樂』多年來一直蟬連全球品牌價值第一名的殊榮，『可口可樂』的品牌價值超過數千億美金，沒有『可口可樂』商標的可樂，充其量，可能只會被看成是一罐加了糖的氣泡水罷了。

企業在永續經營的過程當中，『知名度高』是一件重要的事，但是『形象佳』更重要。企業品牌在消費者心目中好的形象及知名度的建立甚難，萬一有一天發生企業形象受損的事件，平時形象好的企業會得到較多的同情，同時社會及輿論也較容易選擇相信你，甚至放你一馬，或高高舉起，輕輕放下。

一般企業若與較大型的公益單位合作，往往有拉抬企業格局，突顯企業形象的效果，但若只是玩票一次就算了，助益不大，因此許多知名企業僅跟特定公益單位長年合作，就是為了累積效果，以加持品牌商譽。

企業若與較大型的公益單位合作，還有另一個好處是，往往有機會跟其他大型企業一起掛協辦或贊助，透過活動還能有知名公眾人物參與，即使只是擔任配角，效果往往也不錯，許多企業因此獲頒獎項，往往是公司日後宣傳的重點。

第六章　公益活動媒體曝光VS商業活動媒體曝光

企業參與公益活動而獲得媒體曝光，媒體在新聞露出時是不收費的（但是不收費不代表沒有實際上的可量化的廣告價值，所以一般的活動廣告公司在衡量他們所承接的活動績效時，新聞露出版面相當於多少價值的廣告費，就成為一個比較客觀、以及可量化的指標），但更大的意義在於，企業的形象獲得了媒體的背書。

這一點很重要，當台灣的媒體（若是跨國的公益活動，吸引國際的媒體報導，那價值當然就更高）報導企業參與的公益活動時，當然會交代這是誰支持贊助的活動，而當媒體在描述整個公益活動的時候，等於是由媒體向廣大的台灣民眾及消費者說，參與的企業是個有心的、善意的、友善的、回饋的好企業。

一般社會大眾可能不認識這個企業，或者對這個企業不熟悉，但是他們信任媒體、熟悉媒體，因此，媒體在不收錢的情況下（收錢就是廣告，廣告在很多人的心中，相不相信就是另外一回事了）所做的新聞式的推薦，很自然的就讓消費者知道及認識這個企業，並對這個企業留下好的印象。許多時候，這種好的印象是砸廣告費所買不到的，或者是，需要砸非常多、及非常久的廣告、才能獲得類似的知名度及好感。

因此，企業在本土化（Localization）的過程當中，熱心參與公益較容易得到媒體的認同，本地媒體認同，就帶動當地市場知名度的擴展及消費者的認同，從而更加容易促成業務的收穫及成長。

商業活動的媒體曝光（如廣告），是市場行銷的必備工具，但消費者知道，廣告裡的話是廠商花錢說給他們聽的，即使請來一些具有知名度，或甚至有公信力的公眾人物來代言（如劉德華、周潤發、林志玲、謝震武律師、知名醫師，甚至鑑識權威李昌鈺博士）都未必會信，更未必會採取行動（如購買），除非經過長久市場的行銷跟口碑獲得認同。

但公益活動畢竟不能取代傳統的廣告業務行銷，因為業務及產品的銷售有太多的訊息必須直接而準確的傳遞，如果太迂迴，比如想要以公益活動包裝純商業的行銷，第一效果可能不好（因為包裝來包裝去，反而可能表達不清楚，對業績提升幫助有限），二來也可能不被公益單位接受。

我們可以說公益活動媒體曝光，是商業活動媒體曝光的輔助策略。若企業的商業活動媒體曝光的預算不足時，或主打的策略不在介紹促銷產品，而在增加公司的品牌形象時，公益活動倒不失為一個利人利己的選擇。

第四篇

危機處理（企業之失敗學）

第一章　企業遇見危機時，所要面對的人

企業遇見危機，這裡指的是危及企業生存，甚至可能引發企業內外風暴的危機，如之前王又曾夫婦所引發的力霸風暴等。當企業發生重大危機時，無論企業的大小，身為企業的領導人或是高階主管，如何帶領企業及同仁安然度過難關，或至少在傷害最低的情況下全身而退，或最起碼的，如何留下企業東山再起的火種，是企業的領導人或是高階主管，於公於私皆責無旁貸的責任。

企業在遭逢危機時，在最壞的情況下，將無可避免的必須面對以下十種人：

一、社會大眾與輿論
二、廣大投資人與股東
三、公司內部員工

四、客戶或消費者
五、供貨商或上下游廠商
六、銀行及債權人
七、媒體
八、競爭對手或企業
九、政府公權力
十、若是企業領導人或經營團隊，還要面對親人、家族跟朋友

以下就企業發生危機時，以上十種人所可能會對企業採取的行為或態度，作一些簡單的分析及說明：

※社會大衆與輿論

企業一但發生危機，企業小、事件小，當然引起社會大眾與輿論注意的機會也不會太大，一般會引起社會大眾與輿論注意的，多半都起因於媒體的揭露。

企業的危機一但引起社會關注，大家多半會關心是否涉及弊端？有無官商勾結？是否有很多人因此受害？負責人是不是捲款潛逃？最主要的是，企業若發生危機，若能夠小小的將它控制在企業內部的茶壺裡的風暴的話，許多事情其實比較好解決，甚至協商、協調、『喬』一下都可以有一定程度的轉圜。

但若引起社會及輿論的關注，大部份的時候，整個事件就會開始被許多人拿放大鏡來看，往往先是媒體會因此更加緊追不捨（因為社會輿論關注，大家想知道更多的內容、內幕及後續發展，這也就代表整起事件的報導有很多人想看，觀眾的收視率及平面媒體的閱報率都上升，你說媒體能不緊追不捨嗎？），接著公權力也會被逼著要介入及觀察，一但在社會、輿論及媒體的關注下，公權力往往就變得沒有通融的餘地，一切公事公辦，許多事情就變得更加複雜及難以善了了。

而當一切都攤在社會、輿論、媒體及公權力的陽光下的時候，企業面對危機就幾乎沒有了任何僥倖及權變的空間，卻也因此讓許多企業的負責人選擇逃避，為社會留下更多的爛攤子。

※廣大投資人與股東

企業一但發生危機，最直接相關的關係人，除了員工之外，就屬公司的廣大投資人及股東了。此時他們最擔心的就是他們的投資會不會化為泡影？手上的股票會不會變成壁紙？他們投資的錢有沒有保障？有沒有機會馬上拿回他們的錢？公司會不會倒？公司負責人會不會跑掉？有任何人會出面幫助公司度過難關嗎？媒體跟政府要不要出來說說話？

比較心急的，在聽到消息的第一時間就會跑到公司關心，並互相討論及詢問以上的問題，甚至要求公司負責人出面給個說法。若第一時間沒有獲得安撫，許多投資人可能就會自行採取許多『保護自己投資及財產』的做法，比較文明的會檢舉、控告、投書媒體（很多企業發生危機的消息，就是這樣被媒體披露的）、拉白布條抗議；比較不文明的，就會大吵大鬧、搶奪公司資產（像是電腦、設備、存貨等，反正能搬的就搬，也不管這是否涉及偷竊或搶劫）、考慮是否要找討債公司，或是黑道出面。因為這世界上什麼人都有，往往讓已經很複雜的企業危機變得更加的複雜，也因此讓企業的領導人及經營團隊承受更大的壓力。

※公司內部員工

古人說冰凍三尺非一日之寒，企業在發生危機之前，其實在公司內部一定早就已經有許多蛛絲馬跡，所謂『春江水暖鴨先知』，企業發生危機之前，最先警覺的不是社會大眾、不是投資人股東、不是銀行債權人、不是供貨商或上下游廠商，更不會是媒體及政府公權力，而是身在企業之中的公司員工。

在企業危機尚未爆發之前，因為不同的人格特質及對人對事的見解，不同的員工對公司的態度會有不同的反應。舉例來說，當員工開始感覺公司的經營出現一些問題的時候（最常見的狀況就是對下游廠商的貨款開始拖延或拖欠，廠商一開始一定會先跟相關員工抱怨，希望他們幫忙想想辦法；再來公司會有一大堆莫名其妙、匪夷所思及不合邏輯的理由，不願意付一些在員工眼裡看起來非常簡單的、天經地義的錢；再來就是公司開始拖延或積欠員工薪資），此時一些年資比較不深的，因為離職的『機會成本』比較低，在這種時候，一些比較『精』的、比較『現實』的『投機份子』（這裡指的是公司派的觀點），為了怕以後拿不到薪水，可能在第一時間就跳船閃人了。閃人的理由千百種，要去讀書啦！家裡有事啦！什麼都有，但為了怕得罪公司，也不會明說他們的理由，反正我拿了薪水走人，以後就算公司發生了什麼事也跟我沒有關係了。

一但公司內部有人『用腳投票』，開始發生不正常的『逃亡潮』，各種各樣的謠言就開始四面八方的跑出來了，這些謠言經常很快地傳遍公司內部及相關合作廠商（因為許多時候，因為工作上接觸的關係，員工跟廠商的關係，往往比員工跟經營團隊的關係要好。同時，有很多時候，為了保住生意及了解狀況，廠商對公司負責以及對口的員工，平常也會刻意交往），當各種傳言甚囂塵上的時候，公司的領導人及經營團隊，往往到最後一刻，都還懵懵懂懂地被蒙在鼓裡。

當公司的危機正式浮上檯面，公司員工往往會分成以下三種人：

1) 組成『自救會』，警告公司經營團隊不得傷害公司員工權益

這裡的『自救會』不一定是個結構完整的組織，很多時候就是一些比較積極的、權利及自主意識比較強的員工所組成。組成的結構可能涵蓋老、中、青三代員工，當許多公司發生危機並激發員工『自救會』的組織形式抗爭的時候，多半也就是媒體及公權力介入的時候。

不過，對很多中小企業來說，能夠不傷害公司員工權益，公司多半也就不會有什麼危機了，一但到了這步田地，所謂『自救會』，到最後多半也是不了了之（因為這類的組織經常必須面對比較長時間的堅持跟抗爭，但是大家都有生活的壓力，媒體、公權力跟社會輿論也會有疲了的時候，當抗爭不能保證一定有機會，而員工又不能一日沒有收入的情況下，許多人會很快地放棄，四散尋找其他的出路，即使有少部份人打算堅持到底，但多數到最後也會因主客觀因素的壓力，宣告孤臣無力可回天）。

員工『自救會』當然也有成功的例子，但多半屬於較大的公司（如力霸集

團）、較大的事件（如之前佳姿養身工程館事件），社會輿論及媒體逼迫政府強力介入，甚至接管。但這樣的例子實在不多，發生在中小企業身上的前例更少，除了少數員工集資接手公司經營的特例（如台北市敦化南路上的『新同樂』餐廳）。

2) 積極支持公司，不離不棄

公司內部也會有一些員工，繼續支持領導人及經營團隊到非常後面，甚至到公司無法挽回的最後一刻。

其中有一部分是公司的老臣，一來對公司有極深的感情，二來這些老臣經過多年以來，多半都已經是公司的中高階主管，年齡大多都已步入中年。說實在，這些老臣若離開公司，中年轉業，絕大部分還真不知道下一步該怎麼辦？

這些人對外在社會上可能已經沒有競爭力（他們若丟履歷表到１０４人力銀行，石沉大海的機會遠超過有面試的機會，隨便問大家一聲，你會有興趣去

interview一個四五十歲的求職者嗎？），對內每個月還要面對房貸、車貸、生活開銷、跟小孩子的學費。他們唯一企求的是跟著老闆拼到最後一刻，天可憐見若老闆度過難關，他們還是可以繼續待在這再熟悉不過的環境裡，繼續當他們的大經理，繼續拿他們的高薪。退一萬步，就算最後老闆倒了，我多做個幾個月，以後都算是老闆欠我的，我還可以跟老闆要錢，反正我哪裡也去不了，就賭賭看！

還有另一部分支持到很後面的員工，年資不一定老，但卻也是抱著賭一賭的心態。什麼意思呢？中小企業中，規模只要稍微大一些的公司，內部就會有一些老臣，他們可能能力不是很強，但是因為年資深，瓜棚下等久了，總有一天給他們等到了升遷的機會，這些人只要公司在，一輩子就佔著位子等退休，企業升遷管道一但受阻，許多有能力跟有企圖心的年輕人到最後只有求去。

所謂『有破壞才有建設』，『最壞的時代，也是最好的時代』，對一些年輕人來說，這算盤可要打得精一些，公司經歷危機，導致大量人員的流失，從另一個角度來看，也相對代表公司組織空出了許多位子。其實在企業界這樣的例子很多，很多知名的企業在公司發展的過程中，都曾經經歷過一些翻天覆地的變革，最後在許多同仁及公司高層的臥薪嚐膽、惕勵自新下，最後終於如歷經焠練的火鳥，浴火重生。

若幸運地公司度過難關，重新出發（在企業界，尤其在ＩＴ產業，往往是新的投資法人或銀行團伸出援手），當老闆的可能是新人，也可能是舊人，但最重要的公司資產中間幹部，論功行賞起來，當然就優先犒賞（含加薪、升官）當初『不離不棄』、『義薄雲天』、『熟悉公司技術製程及文化』的公司老員工了。

說實在，對這些年輕人來說，在太平盛世，大老闆高高在上，沒有個三年五載、十年八年的，層峰怎麼可能看得見你？但『板蕩識忠貞』、『亂世出忠臣』，想要層峰看見你、又跟你有革命情感，又想要年紀輕輕連升三級，坦白講，當真也算是『危機就是轉機』。一個人若是目光精準、能力卓越、能抵抗強大壓力、又能有膽有謀、再加上一點運氣，真的也該當算是個人物了！

3) 沉默的大多數

其實這種人最多，他們平常本來就沒什麼意見，工作嘛！不就是工作嗎？公司正常營運的時候我就默默地工作，『不求聞達於諸侯』，出了問題，也默默地離開，這些人不會跟著其他人去聲嘶力竭地吶喊、去拉白布條、去陳情，一個月或幾個月的薪水拿不到也默默地認了，不然怎麼辦呢？此處不留爺，鼻子摸一摸，自找留爺處。這也不一定是瀟灑或消極，就是覺得還是趕快去找一份新的工作比較實在些，如此而已。

你說這是沉默的大多數？還是善良的大多數？還是把風險降到最低的大多數？不知道耶！工作嘛！不就是工作嗎？

※客戶或消費者

企業發生危機，對消費者或客戶來說，若只是從老客戶的眼光來看，本來很習慣到這家企業消費的，突然宣佈以後可能不再服務了，難免會有些失落，尤其這家企業所提供的服務，可能還帶著消費者的一些記憶或回憶的時候，總會讓人覺得可惜。

比如說台北街頭過去有一些老字號的咖啡廳或餐廳，比較有名的像是木船民歌西餐廳，在八零年代台灣民歌盛行的時代，木船培育了許多台灣知名的民歌手，也見證了當時台灣大學生尋找自我價值及屬於台灣本土民歌創作的時代。在木船西餐廳裡，蘊含著許多台灣四五年級生的年輕歲月的回憶。幾年前因時代變遷，使木船西餐廳不得不響起熄燈號，從此走入歷史及記憶，當時不知有多少在台灣已為人父、為人母的四五年級生，為自己年輕時的一段回憶而輕輕嘆息！

以上的例子是比較浪漫的，雖然它的背後其實也就是一家西餐廳的老闆做不下去了，乾脆把店收了。但有些企業遭逢危機，對消費者來說，就不是只是一聲『可惜』可以交代得過去的。

舉例來說，過去台灣有些連鎖餐廳向消費者兜售折扣券，有些消費者或是為了消費時的折扣，或是為了對該企業的認同，可能在買了一些折扣券之後，該企業突然宣佈倒閉，店內人去樓空，不知情的消費者在上門無法消費時才傻眼，當初所買的折扣券一夕之間成了廢紙，這樣的情況因為傷害許多消費者的權益，因此往往引發社會輿論的關注。

這樣的例子在不景氣的台灣，這兩年似乎每隔一陣子就會發生一次，像是幾年前知名的連鎖麵包店『新糖主義』、還有連鎖餐廳『一茶一坐』，連知名的創意蛋糕連鎖店『比利小雞』，也因跳票數千萬，而引發消費者的一陣議論及震驚。

※供貨商或上下游廠商

企業發生危機時，往往最大的債權人除了銀行之外，就是企業平時產業運作『供應鏈』（Supply Chain）的合作夥伴，也就是企業的供貨商或上下游廠商。

在台灣，只要是稍具一些規模的企業，其供貨商或上下游廠商動輒上百家，甚至數百家，許多時候，當企業在發生危機的最初階段，其實經營團隊並不是不知道警惕，也並不一定都是毫無警覺性的經營菜鳥，只是企業規模成長到一定的規模之後（這規模不一定要有多麼的大），整個企業組織由於結構開始變得僵化，甚至複雜（公司內部的組織開始變得複雜，上下游供應商的規模、數目跟結構也變得複雜），往往經營團隊一直要到想要改革公司的時候才悚然發現，要改變一個公司的組織文化，或是改變公司的一些經營策略及結構竟是那麼地難！

信不信？一個二十個人的公司，就可能會讓公司的總經理覺得公司是一個身體轉不動的恐龍了。此時，若企業經營者不能斷然地下定決心、採取壯士斷腕的應變方法，稍一猶豫或是得過且過（這真的很難，公司的變革要對很多的人跟事開刀，而『人』的問題，以及對舊公司的情感的包袱，往往到最後讓經營者選擇暫時的逃避，假裝一切的問題都『暫時』不存在，就像一隻被放在鍋裡煮的青蛙，在加溫的過程中一直猶豫著要不要跳出來，最後一直到被煮熟為止），公司的危機就會很快地惡化，等到驚覺絕對不能再有駝鳥的心態的時候，往往已經來不及了。

一般公司發生危機時，情緒最激動、抗爭動作最激烈的，除了公司的員工之外，再過來就屬廠商。為什麼這兩種人的反應最激烈呢？因為公司的危機可能直接影響到他們的生存及生計。

以廠商為例，當初廠商出貨給公司，絕大多數的貨品或原材料不是該廠商自行開發生產，而是跟他們的上游供貨商進貨，也許經過某種程度的加工，或甚至不加工，轉手再供貨給公司，並從中獲取差價利潤，這樣的情形在台灣的中小企業，真是再常見不過了。

但若有一天，公司因發生危機，而無法付款給廠商，甚至僅僅是拖延付款給廠商，可能因此該廠商就要負起週轉的責任，若不幸的該廠商的貨款被倒，他該給他的上游廠商的錢還是要付，若該廠商體質不佳，或該次被倒的貨款金額太大，該廠商可能就會因此莫名其妙地因為被企業所發生的危機牽連而跟著倒閉。

這當真是『我不殺伯仁，伯仁卻因我而死』。

也因此，就可以明白為什麼當一些公司發生危機時，供貨商或上下游廠商的反應會那麼地激烈了，因為往往因為一家企業的危機，而導致一種『牽肉粽』的副作用，也就是一家核心企業的倒閉，會帶動一群衛星供貨商的集體倒閉。而這家核心企業若原本的規模很大，則因為該企業的危機所引發的連鎖反應，可能就會激起一陣的金融風暴，或是社會事件。

※銀行及債權人

企業發生危機，最希望公司努力到最後的人還包括銀行及債權人，因為對這兩種人來說，只要公司還在繼續經營，他們的『營業收入』跟『應收帳款』就還在，會計報表就會一樣好看，業務經營績效就還有機會繼續留在『正常』，甚至保住『考績甲等』。尤其發生問題的企業往來貸款金額又大的時候，一來一往，負責的經理績效就會從『特紅』一夕間翻轉成『特黑』，真是差之毫厘，謬以千里。以銀行為例，當原先往來的企業由『正常往來戶』變成『催收帳戶』，甚至是『呆帳戶』時，當初決定放款的銀行分行經理及相關人等就會很辛苦，不但考績一定受影響跟牽累，若被公司懷疑涉及弊端，那可就吃不完兜著走了。

一個最常見的例子，許多中小企業當初會想要貸款，原因是『經營績效好，乘勝追擊，擴大規模』的有如鳳毛麟角，絕大多數是經營發生瓶頸，公司週轉出現問題，希望借錢度過難關。

在這樣的情況下，銀行放款部門的同仁其實面對每一筆的貸款案經常都是戰戰兢兢、如臨深淵，如履薄冰，因為在申請的過程中，沒有一個中小企業的老闆會老實告訴你，其實他們的經營快走不下去了。他一定會想盡各種辦法讓銀行相關人員相信這筆貸款是划算的，長遠來看銀行是可以靠利息穩定獲利的。

但若不幸的，該企業若在貸到款之後沒多久倒閉，當初負責並同意放款的人在銀行內部就會影響考績，最慘的是，若該企業在獲得銀行放款之後，連一期利息都還沒繳就掛了（很多企業就是拼著最後一口氣拿到銀行的錢，還民間的債，然後把債丟給銀行，至少保住自己身家安全），那麼當初同意放款的分行經理及相關同仁必然會受到嚴厲的懲處，甚至被政風處調查是否涉及官商勾結。否則以一個連一期利息都繳不出來的企業，不是惡意詐欺就是體質已經差到瀕死邊緣，而當初分行經理竟然還放款給他，說沒弊端還真讓人很難相信，真是跳到黃河都洗不清。

因此，只要還有機會（這點很重要，否則雨天收傘是銀行很常幹的事情，銀行總部要收傘，分行經理想救也沒辦法救；至於如何讓銀行相信你『還有機會』，靠的就是平時累積的交情、信任感、跟最起碼的後續經營績效；有些人平常從來不露臉、不跟銀行主管打招呼、不讓銀行知道你在幹什麼，老闆跟財務長或財務經理從不經營銀行的人脈關係，一但企業發生問題才跑去求銀行高抬貴手，對一個幾乎全然陌生的發生危機的企業的懇求，換做任何人，都很難答應幫忙，因為實在不認識你，不知道幫你忙會發生什麼狀況，這又是一個『平時有儲蓄，臨時不用急』的例子），銀行端在主觀上絕對是會支持你的，希望你無論如何一定要撐下去，甚至可能拿出具體行動來幫助你。

舉例來說，此時要增貸幾乎是不可能的（除非有高額，甚至全額的擔保，但也不一定貸得成），但是經過協商之後，只要企業主表示誠意跟意願，降低利息、拉長還款期限、甚至給一些時間整理公司而暫時不用付利息等，只要企業不再借錢（因為實在不敢、不能借），且負責經理權限內許可，什麼樣的『創意』都是有機會的，最重要的就是要幫助你降低還款的壓力。

對這些銀行經理們來說，所有的手段最主要的目的，就是儘可能地避免將企業打成『催收帳戶』，甚至『呆帳戶』。否則一但走到這一步，局勢就會變得複雜很多，且難以收拾，一般人所謂的『債多不愁』，很多時候指的就是這種情況：大家都怕你倒，你不倒，至少表面上不倒，大家跟平常一樣繼續上班過穩定的日子。你一倒，一串的人都要跟著倒大楣，因此，只要維持著這種恐怖平衡的狀況，許多大企業的老闆們還是繼續過著他們的豪門日子。

但是這樣的日子其實並不好過，『債多不愁』四個字更是大多數門外的人的看法，因為在巨大的還款及週轉壓力之下，用盡一切力量維繫著一個『看起來正常』的樣子，所付出的代價往往是財務的洞越捅越大，所付出的單位利息越付越高，許多所謂的大企業老闆在事過境遷之後，常常以『生不如死』來形容這樣的日子。

一般債權人的狀況其實跟銀行類似，主要就是對發生危機的企業擁有一筆債權，無論這裡所說的債權人是銀行、民間借款人、員工、廠商、股東、或是投資法人，本質上都是希望保住自己的投資或債權，最底線拿回部份自己覺得還可以接受的資金（這是到最後最謙卑的期待，許多企業在最後舉行債權人會議，聘請懂得談判的律師以百分之某個比例，比如百分之三十清償所有債權，很多時候能夠成功，基本上就是基於抓住債權人的這種心態）、或是保本、或是像原先期待的繼續擁有一個有獲利的投資。

無論如何，就像前面所說的，只要讓債權人們覺得公司『還有機會』，主觀上債權人也只能表示支持並參與『支持』公司的決定，期待在公司狀況回穩之後，看看怎麼樣安全地撤回資金，就像家裡有人質在歹徒手上一般，為保護人質安全，許多地方雖然心中不願，也只能配合『體諒』。

舉例來說，台灣知名的連鎖書店『新學友』，幾年前曾經因為財務週轉不過來經營發生危機，當時他們就找來以供貨商為主（當然也包括銀行等）的債權人召開會議，說明若大家不急著搬回所屬貨物（如書籍、文具等等），不急著要新學友立刻還錢，支持新學友繼續經營，原本新學友該開給大家的承諾跟票繼續有效，但票期拉長，但是該大家的，最後一定不會少給大家，大家都是合作幾十年的老夥伴，現在要錢沒有，要命一條（新學友的原所有人是一對打拼了三十幾年的老夫妻），大家在同一條船上，船沉了什麼都沒有，船沒沉大家繼續走。

若你是當時的債權人你會怎麼辦？現場許多債權人想：在新學友的貨全省幾十家，都搬回去想想都是浩大工程（尤其是書，真是又多又佔地方），反正此時此刻不答應新學友什麼也拿不回來，書送給新學友都比全省點貨、整理、外加搬回公司划算，有拼有機會，沒拼沒機會，你說該怎麼辦？頂多哪一天貨款拿回來之後，看看情況還是不好，那時安全下車，再也不要跟新學友往來好了。

後來新學友成功地又站了起來，大部分當時的供貨商，現在還是繼續與新學友合作的供貨商，原先決定賭一賭的債權人們，終於賭到了一個事業上的老夥伴，以及好夥伴。

※媒體

企業發生危機，除非是希望引起社會重視，以增加企業獲救的機會，舉例來說，當年有一個『水晶唱片』公司財務發生困難，因為水晶唱片號稱是台灣非主流音樂的一個重要的平台，對台灣藝文界意義重大，因此在媒體披露之後，引起社會某種程度的關注，有關單位並予以某種程度的協助，這算是比較少數的特例。

一般事業單位發生危機還希望媒體知道並報導的，大部份發生在非營利機構，因為多數還帶了一些公益的色彩，比如說某個育幼院缺資金，院裡的孩子們生活困頓等。但若是一般普通的民間企業，絕大多數希望能夠低調處理之，以免引來各方過多的關心（因為這裡所謂的過多的關心多半指的是關心勞方，鮮少有關心資方的），讓原本難以處理的狀況，在經過媒體報導之後，變得更加難以處理。有關企業發生危機時，有關媒體的部分，稍後的章節『危機處理之媒體執行操作』，將有更多的說明。

※競爭對手或企業

企業一但發生危機，內心竊喜的莫過於原本的競爭對手了，但是一般來說，企業的競爭對手多半也不會或不至於做出什麼大動作的落井下石的攻擊行為。除了觀望及深自警惕之外，最多若競爭對手的財務狀況很好，很可能會評估是不是可以逢低購併原企業。

有許多時候，發生危機的企業的領導人，對於不讓自己多年來的心血煙消雲散，以及基於對跟了自己多年的員工有個交代，還有為他們找到一個好一些的歸宿，往往的確會有可能主動尋找當年的競爭對手購併自己的企業，因為競爭者的業種業態最接近，談接收原企業的機會跟難度及時間的變數最少（如加州健身中心，併掉耐斯集團的金牌健身中心）。在這種情況下，企業經營權的轉移若仍會失敗，往往因為以下原因：

一、原競爭者趁火打劫，定下條件極苛的城下之盟，一般最常見的是買價過低，讓原來有心割愛以照顧老員工的原企業主，寧願讓公司消滅，也無法答應幾近污辱式的併購條件。

二、有許多競爭者原本以為可以善意的購併，但一深入了解原企業的各種問題之後（一般最重要的是原企業的財務狀況），才知道原企業的問題早已病入膏肓，買下這個企業可能相當於買下一個火藥庫，欲購買的企業惦惦自己的能量，可能擔心原事業反被拖累，因而放棄購併。

三、對競爭者來說，有一種非正式購併的購併，代價低又實惠，是一宗最划算的買賣。簡單講，若競爭者對原發生危機的企業的品牌名稱不是那麼的期待擁有，而只是希望能併入原企業的相關資源的話，比如原企業的優秀員工、客戶、及市佔率，那麼競爭者只要在最後關頭大舉挖角（而且此時挖角，由於發生危機的企業員工人心惶惶，許多人急著跳船，挖角的條件一般會比平常物美價廉），以及對原競爭公司的客戶祭出非常優惠的條件挖牆腳，在發生危機的企業兵荒馬亂的時機，可能就可以以很低的代價輕易大舉擴張市場佔有率，並吸收大批人才。

在市場經濟的結構中，發生危機的企業若無法立刻穩下陣腳，作適當因應，因而讓對手企業輕易兵臨城下，不戰而屈己之兵，無奈中也只有徒呼負負了。像這樣的例子，趁機擴大市佔率的，像是聯合晚報之於中時晚報；藉機挖人、挖客戶的，像是名女人唐雅君的亞力山大健身中心之於另一個名女人蔡純真老師的『佳姿養身工程館』等都是（一樣可惜的是，後來亞力山大也撐不住倒了）。

※政府公權力

一般企業在發生危機時，若到最後引發政府公權力介入，多半事件都已經鬧得很大、很不可收拾了。一但公權力介入，由於大部分的情況下，媒體及社會輿論也會關注，更別提事件中的相關單位或關係人等，因此事情到這個地步多半已經蠻難『喬』的了，一切依法行事，公事公辦。

公權力的介入主要在維持社會正義、確保社會及金融秩序、避免或查證有無非法情事、以及不要讓社會事件擴大、危及大多數人民的權益。像是前一陣子的力霸集團事件、東森集團事件、英華達、明碁、力晶半導體等的內線交易案等，皆是政府公權力強力介入，以維護大多數善良納稅人權益的知名事件。

在台灣，所謂政府公權力介入，講最多的應該非行政院勞工委員會莫屬，因為勞委會主管勞資糾紛跟勞資關係，因此，一般企業若是勞資關係緊張（一般企業若發生危機，第一個發生的問題除了企業週轉、銀行緊縮銀根之外，再來多半就是勞資糾紛了），無論是勞方或資方出面請託或申請，勞委會介入勞資關係的協調，是當今台灣企業界非常常見的現象。

而介入的兩造雙方，資方多半是由經營者所指派的高階主管或律師所組成；而勞方，則多半會是由工會、員工福利委員會（福委會）、或是員工自救會所組成。

勞委會雖然以照顧勞工權益為重心，但勞資關係的和諧，為勞方爭取更好的，但也讓資方接受的勞動工作環境，更是勞委會責無旁貸的責任。

※若是企業領導人或經營團隊，還要面對親人、家族跟朋友

企業遭逢危機，壓力最大、最痛苦、最生不如死的當屬企業主（一般多是企業的負責人，也就是董事長），什麼叫企業負責人？就是太平盛世的時候，眾人羨慕的大老闆跟企業王國的所有者，企業內部的員工視他為層峰，又敬又怕，他的一舉一動、一舉手一投足、一個觀念或想法，往往可能影響許多人的人生生涯

發展。許多人每天競競業業地工作，為的也就是有朝一日能得到層峰關愛的眼神跟賞識，加官晉爵、收入豐厚、一展長才。

這也就是為什麼有那麼多的人心中懷著創業的夢想，那種主導一切的、充分發揮自己意志的、萬千權力及榮耀在一身的、還有最重要的，一但成功創立一個事業，那個事業將屬於自己，不像專業經理人，永遠在心中有一個潛在的恐懼－恐懼有一天會被迫中年失業重新開始找工作（無論是因為純績效原因，或甚至是因為政治因素）。或是『長江後浪推前浪，前浪死在沙灘上』，終有一天會被後起之秀取代，甚至被迫退休。

而有更多優秀的專業經理人，就是不願意一輩子為人作嫁，自視甚高的這些專業經理人，專注辛苦於工作這麼久，一但工作經驗累積夠豐富了，業界人脈資源夠雄厚了，銀行存款夠多了，五子登科（妻子、孩子、房子、車子、銀子）不夠看了，內心中那顆創業的雄心也就隨著社會地位的越加鞏固，而更加的躍躍欲試。

但是從另一個角度來看，所謂企業負責人的另一個解釋，就是公司出事，負所有最終責任、承擔所有內外壓力、包括去坐牢的那個人。

員工跟負責人的差別在哪裡？就是公司一但遭逢危機，公司的員工（含前面所說的那些所謂的專業經理人）可能說聲『我很遺憾』、『我很抱歉』、『我很難過』、『我有其他生涯規劃』，然後拍拍屁股走人，千山我獨行，不必相送。公司未來所要面對的一切，對他們來說有如過往雲煙，心無罣礙，即使公司所面臨的危機根本是他們搞出來的（公司遭逢危機，層峰若氣急敗壞質問這些員工：當初怎麼會這樣做？所得到的答案百分之九十是：我們只是一個小小的幕僚，當初作決定的是老闆）。

幾年前在網路業界有一家知名的網路公司叫做『資迅人』，因為有英特爾跟花旗銀行的投資而聲名大噪，他們在幾年後燒光幾億元的資金倒閉後，創辦人兼負責人賀元說：『我就是太信任專業經理人，世界上根本沒有專業經理人』。

許多創業家年少得志，一募到資金，就忘記創業初期的拼勁，明明年紀輕輕，就想把公司的經營全權交給專業經理人，卻因『信任』（這個名詞的另一面，往往叫『偷懶』）而不再凡事親力親為；因為『信任』（有時倒也實在是外行，如財務報表，但這不是理由，經營事業是一條永不停止的學習跟自我成長的過程），而不再凡事盯緊。

等到驚覺公司出現了危機，才知道搞了半天，所謂的專業經理人原來也是在邊做邊學，原來這個世界上，『說得一口好事業的多，做得一手好事業的少』，見見苗頭不對，專業經理人『引究辭職』，所有的爛攤子跟責任全歸企業主。

如果這個企業主平時對整個企業的投入不多（因為相信專業經理人），或者片面（比如創業者是研發出身，平時除了研發工作，其他一概不管，或沒興趣聽、沒興趣碰，下屬的報告左耳進，右耳出；成了『No Comment Man』，或『Yes Man』），屆時突然面對一個『這麼熟悉，卻又這麼陌生』的企業，心中的慌亂跟憤怒就可想而知了。

有的員工在公司碰到危機時，選擇第一時間跳船逃生，但有些難搞一點的，甚至也可能會在第一時間糾眾對你興師問罪，警告你不得傷害員工權益，一點也不會想到平時公司福利有多好，老闆平時對他們有多麼地貼心。

許多作老闆的一直到此時才悚然發現，搞了那麼多年，原來許多過去貼心體貼的員工（比如老闆的生日，員工永遠會準備好一份大家都寫上祝福的話的卡片，早早就準備好，讓老闆生日那天有個驚喜），過去說不定只是因為要拍你馬屁，慣性地對你畢恭畢敬帶體貼。多年來你覺得把他們當家人，到最後才發現原來他們把你當case，當有一天他們發現原本以為可以做很久的case竟然企業主玩不下去了，員工們不會覺得他們可能因為工作績效不好對不起你，他們會覺得被騙，原來你有可能會付不起他們的薪水，不能讓他們繼續擁有一份穩定的收入而對不起他們。

員工可以說走就走，企業主就不行了。因為事業是你的，法律上你又是負責人，此時企業面臨危機時的所有的壓力將排山倒海向你撲來，躲也不能躲，逃也不能逃，此時最好的策略，就是勇敢地面對它。

許多時候，企業在面臨危機時，企業主白天面臨眾多各種各樣的人、事、物及壓力，但是疲累了一天回到家之後，往往還要面對另一個一樣大的壓力：就是自己的家人、家族、跟朋友。

對一個企業主來說，企業面臨危機，在掌控之中的，當然沒有問題，但是情勢若越來越難掌控，企業主除了要盡全力保護自己的事業之外，如何保護家人，以及如何給家人一個『保證』、『保護』及『交代』，往往是企業主另一個強大壓力的來源。

企業主回到家要面對的情勢跟人，跟白天在公司比起來，有時真是未遑多讓：妻子、孩子、妻子家族、自己父母家族、妻子的朋友（這些人往往會站在妻子好朋友的立場，告訴做太太的要如何保護自己，及處理跟有危機的先生的關係，對正處於危機的企業主來說，這類朋友雪中送炭的不多，雪中送屎的不少）、自己的朋友、跟公司有金錢往來的親屬及朋友，每一個人都認為他跟企業主有超越一般常人的關係，所以企業主在面對所有壓力的時候，『當然』要針對他們給予最大的及優先的保護跟交代。

這些人跟商場上的關係人不同，其中有許多是企業主原本想都不用想，根深蒂固地認定要一輩子來往的人，因為他們是family，是企業主的親人及至交。無論一個人的事業及人生有如何重大的變化，有些基本的關係是永遠也不會變的。

真的嗎？

當企業的壓力變大的時候，運氣不好的企業主可能會發現，原來許多心中堅信不疑的價值觀、想法跟人際關係，在公司遭逢重大危機的時候，原來它並不一定是你可以暫時逃跑、躲藏、休息的避風港，當初既然身為人人稱羨的企業主，該當一般人避風港的是你，而不是別人來當你的避風港。

當企業主身邊的人發現原來原本的依靠不但不再能像往常一樣的給予呵護，甚至可能反而可能帶來危險或麻煩的時候（這裡有許多的所謂的危險跟麻煩，有很大部份是有些人平常報紙跟電視看多了憑空想像出來嚇自己的，當企業主一再被逼問：『你能保證絕對不可能怎樣怎樣嗎？』等連太平盛世的時候都無法給予肯定回答的問題的時候，當自己家人變得疑神疑鬼、驚弓之鳥的時候，對企業主來說，心痛、愧疚以及對家人竟然不諒解自己的憤怒跟傷心，往往才是精神壓力的最大的來源），擔心、無助、恐懼、生氣、切割等等的動作，往往接踵而來。

台灣有一個知名的企業家，本來號稱有百億的身價，因為一個錯誤的投資，一著輸，全盤輸。當他在最慘的時候，每天在公司面對債權人、銀行團、員工、媒體之後，精疲力盡回到家裡，還要面對家人無盡的責罵跟埋怨，說他拖累了全家人（尤其是岳父岳母責難他拖累了自己的女兒及外孫，自己父母則不明究理地責罵他好大喜功、識人不明牽連家族），害家人陷入緊張及恐懼之中，外面的壓力雖然極大，但是對這位企業家來說，最後反而是家人的壓力及家中的氣氛讓他瀕臨崩潰，每天必須靠藥物控制才能讓自己不會憂鬱尋短（事實上，有許多企業主在承受不了內外龐大的壓力下，真的會因此而生病、崩潰、精神耗竭、精神耗弱或尋短，現實中類似的例子屢見不鮮，）。

企業發生危機，企業主所面對的家人壓力，除了家人情緒的失控之外，為了安全起見（很多時候是為了顧及家中小孩的安全及保障），跟當事人某種程度的『切割』跟『劃清界線』也蠻常見的。

舉例來說，力霸王又曾發生危機落跑，在台灣的兒子王令麟就『大義滅親』地公開罵他的父親做了壞的榜樣，一個八十多歲的老人跑了，可是第二代這些五十多歲的人在台灣還要做人。這樣的舉動就被台灣的媒體解讀為為求自保，刻意地與他的父親王又曾劃清界線。

還有一種情況也很常見，就是某種程度的『切割』。舉例來說，許多企業主在公司發生危機時，往往在第一時間主動的或被動的（被動的狀況比較慘，因為已經夠慘了，還要在這個結骨眼上被另一半給『休』了，當真是又一記重大的打擊）跟另一半辦理離婚，此舉就是要在法律上跟當事人企業主進行切割，即所謂的『假離婚』。

但是隨著企業的回天乏術，企業主走進困境，打回原形，許多時候，這樣的假離婚，往往到最後就變成了真離婚，原本是天之驕子、五子登科的企業主，霎時變得一窮二白、妻離子散，猶如南柯一夢。

許多企業主一直到這步田地的時候才真正了解，原來健康、家庭、事業不是與生俱來就理所當然應該是屬於你的，他們是上帝的恩賜，當他們在你的身邊的時候，你要珍惜，因為，你永遠不會知道，是不是有那麼一天，他們有可能會突然離你而去！

當真是：錢有兩戈，傷盡多少好漢；窮只一穴，埋盡多少英雄！

第二章　態度決定命運

企業發生危機，無論大小，面對是唯一的方法。事件剛發生且消息走漏的第一時間，相關的單位（銀行、債權人、廠商、員工等）要的往往只是一個他們可以理解放心的說法，在這個基礎上，許多事其實可以簡單而理性地解決。

只要展現負責的態度，相關單位寧願選擇諒解的態度，反而願意給企業機會跟時間（如之前所提到的新學友），否則他們相信他們的損失只會更大。但是若讓相關的債權單位感覺企業或企業主沒有解決的誠意，事態很快就會擴大，難以想像的理性的跟非理性的攻擊將隨之而來，這時想重來，可能已經來不及了。

一般企業碰到危機會選在第一時間公開說明，依事件大小，發佈新聞稿、刊登澄清廣告、或開記者招待會，除說明事件的始末、說明公司的態度外，行動方案（action plan）的公佈往往能博得大眾的信任，並往往幫助公司度過危機。

企業碰到危機，壓力會如排山倒海而來，對許多經營領導人，也會在最後才知道狀況比他想像的更嚴重（比如下屬經理到最後瞞不住了才自首），憤怒、悔恨、擔心、害怕、周遭人的疑惑與不諒解紛至沓來。此時，保持理智及清楚的頭腦很重要，當大家都期待你的說明、安撫及領導的時候，正面的態度是導向好的結局的不二法門，克服逃避的念頭是立刻要督促自己執行的功課。

第二章　速度決定傷害大小

企業面臨危機時，『搞清楚狀況』往往是經營團隊最先要面對的功課。許多時候企業對外界反應慢，其實是因為自己都還沒『搞清楚狀況』，與其毫無頭緒、或逃避躲避、或六神無主、或一片慌亂，企業領導人或經營團隊務必要強迫自己在最短的時間內以清醒的頭腦、冷靜的情緒，把整個狀況搞清楚，並整理出行動方案。

所謂『搞清楚狀況』包括：

一、公司發生危機到目前的損失及損害到底有多大？

二、公司發生危機到目前影響的相關單位或個人是哪些？

三、相關單位或個人間的結構及相互牽連的關係是什麼？

四、若損害不控制，在失控的情況下，傷害擴大的程度及速度是如何？

五、相關的協助分析的資料完整嗎？（例如相關財務報表、合約書、表單等）

六、公司手邊還可以動用的資源有哪些？（比如可動用的營業收入、現金或約當現金、動產、不動產、應收帳款、合約、設備、資產、專利權、品牌價值、相關可以協助週轉或協調的企業、朋友、民意代表等）

七、對於每個相關單位，在事前或當下，有沒有『喬』的可能或機會？『喬』的對口單位或人是誰？由誰代表公司出馬去『喬』？『喬』什麼？『喬』到什麼程度？『喬』的代價是多少？

八、整個事件有任何法律上應注意的事項嗎？有任何『民、刑事』責任的風險嗎？是否需要邀請熟悉的律師出席討論並協助沙盤推演？律師跟公司的關係夠熟嗎？夠進入狀況嗎？貴嗎？

九、公司經營團隊的每一個回應動作都可能牽一髮而動全身，在『兩害相權取其輕』下，解決危機的排序（Priority）跟火力分配是什麼？

十、需要設『擋火牆』嗎？要設幾層？每一層擔任『擋火牆』的人選是誰？要設『發言人』嗎？是否有幾個重要人物（如層峰等）該暫時離開避避風頭，『以時間換取空間』？還是層峰等該堅守第一線，『以空間換取時間』？不同策略間的利弊得失是什麼？決策一但執行下去，有轉圜的空間嗎？

十一、組織是否必要、或是否可以加以某種程度的切割，以求『斷尾求生』？（比如為了救整個企業，忍痛賣掉某個金雞母事業或部門，如王令麟為了拯救東森集團，考慮出售集團金雞母東森得易購）？

十二、企業相關高層需要立刻進行脫產嗎？來得及嗎？可以嗎？會不會事後法律追究起來，反而罪加一等？

十三、若安全有疑慮、或『疑似』有疑慮、或『擔心』有疑慮，相關企業高層的家人跟小孩是否要做某種程度的『切割』或『疏散』？

企業一但遭逢危機，對企業主或經營團隊來說，為了拯救企業的危機於水火，雖然面對的問題千頭萬緒，但仍有賴經營團隊們冷靜理性、抽絲剝繭，逐步將整個危機從一團慌亂中理出頭緒，並做出因應。

歷史上有太多的例子告訴我們，上帝常常在關上一扇門的同時，會另外為你打開另一扇門。只是另一扇為你打開的門，必須靠當事人的冷靜跟智慧方能看見、打開、走出去。

無論企業面臨危機時要面臨的問題有多少，『時間』的問題永遠是最重要的考量因素之一，因為企業希望立刻搞清楚狀況，外界也是。危機一但發生，大家都想立刻知道自己有沒有損失？或損失有多大？因此，狀況不明的時間越久，大家的擔心越大，謠言就會越傳越誇張，累積的攻擊的能量也就越大，對企業的傷害也越大。因此，越快正面反應及提出解決方案，對企業的傷害越低，長遠來看，對企業的幫助也越大。

第四章　危機處理小組

企業發生危機，要立刻面對及處理的人跟事情很多，公司相關主管發揮團隊精神，迅速集結、分配任務、相互支援、立刻反應，以幫助公司在最短時間內度過難關。

此時，身為企業精神及事業機構領導人的態度很重要，企業領導人冷靜、沉著、自信、準備周延、思慮清晰、語氣平靜有力，思考方向不會只想著保護自己，身為下屬的，自然會被感染，而跟著也增加倍增的戰鬥力跟凝聚力。企業領導人正面對待危機，相信企業能夠度過危機，自然也會讓下屬充滿信心，面對所有的挑戰。

企業面對危機就跟行軍打仗一般，主帥氣勢強，連帶會影響所屬戰將氣勢也強，基於同儕之間的相互影響及激勵，陣前倒戈或臨陣脫逃的人也會少得多（因為大家會互相觀察，沒人率先閃人，大家也就比較放心繼續拼，一有人慌亂落跑，可能帶動一堆人跟著閃）。

此時，三個臭皮匠，勝過一個諸葛亮，眾志成城之下，規劃跟執行力跟企業的反應結構不可能由企業主一個人就能全部搞定，因此，在公司最需要好人手跟好腦袋的期間，即使企業主心中根本是六神無主，忐忑不安，但因為大家都在看你，因此就是裝也要裝得氣定神閑、胸有成竹、『現在狀況是不好，但是大家放心，我有把握一定會過』（當然，對企業主來說，要這樣做很難、非常難；很苦、非常苦；但若不能勉強自己做到，面對的局勢將會更難，未來所承受的後果只會更苦）。

就像是諸葛孔明的空城計，明明身邊什麼籌碼也沒有，明明生死只在一線間，但是孔明先生就是能羽扇綸巾、氣定神閑，談笑間，整城雲、淡、風、清，最後穩住了裡裡外外所有人、穩住了司馬懿，也度過了危機。

身為企業領導人，在帶領危機處理小組時，擔任決策制定及仲裁者的角色。在非常時刻，大家的壓力都極大，脾氣會不好，更可能會互推責任及相互衝突，如何領導一個有士氣、有效率、有戰鬥力及團結的危機處理小組，是企業領導人無可推託的責任。

第五章　態度低調，搏取同情

企業面對危機時，積極面對的態度、明快周詳的處理速度固然可以加分很多，但在處理的過程中，仍會遇見一些狀況或外界的攻擊，此時『軟著陸』絕對比『硬著陸』對公司的負面影響要小，而且比較不會平添變數。

什麼叫『軟著陸』跟『硬著陸』？舉例來說，明明公司眼前什麼都沒有，需要爭取時間尋求資源及支援，面對債權人、銀行或相關關係人的質疑、責難、羞辱（不是每一個企業面臨危機的關係人都是溫文儒雅、氣質高貴的，不要說一些沒念過什麼書的債權人、廠商及關係人了，面對緊張的情勢，即使是高級知識份子，甚至大學教授，都可能因為急怒攻心而破口大罵）跟挑釁，如果企業主或公司的同仁不能忍一時之怒甚至胯下之辱，而與相關關係單位發生衝突，『要錢沒有，要命一條！不然你要怎樣？』，理不直，氣很壯，硬碰硬的結果，只會讓危機更加一發不可收拾。

企業面對危機避免『硬著陸』的原因主要在於：因為你實在不知道對方『們』到底會採取什麼樣的檯面上或檯面下的動作？而這些動作很多根本是可以事先避免的，比如許多的法律訴訟等。

其實這個世界上沒有人會無聊到毫無理由地去攻擊他人，因為由醞釀到執行，到整件攻擊結束，既花時間、心力、情緒、還要動用到許多人，絕大部分還要多花很多無謂的錢（比如律師費跟訴訟費），但最後除了出了一口氣（一大段的時間、壓力、心力、情緒跟錢花下去之後，絕大多數的人，不要說氣早就被磨得沒了，許多人到頭來會寧願當初不要一時衝動去爭那無謂的一口氣），其實並不能保證最後可以得到些什麼？就怕最後撕破臉，債務人理所當然、理直氣壯、『就是不爽』地把你的債權擺在最後面，或置之不理，反而更麻煩及得不償失。

企業面對危機，所有相關單位皆須避免『硬著陸』，因為大家都不想讓原本已經夠複雜的情勢，因為一時的無謂的意氣之爭或不良的態度，而讓整件事情變得更複雜。

這情況很像企業管理理論中的『賽局理論』（Game Theory），大家都想在整個賽局中讓自己在最後獲得最終的勝利，以及得到最多的收穫，因此會權衡對方可能的動作，理性地下判斷及執行。

若賽局的兩造雙方（多方也一樣）都能充分理性地互動及溝通，最後就有可能獲致『雙贏』（Win Win）的結果，皆大歡喜。否則，就有可能導致『雙輸』，兩敗俱傷，是大家所最不樂見的情況。

相對於『硬著陸』，『軟著陸』自然是指比較低姿態的應對態度，它不一定是指奴顏屈膝，只是要讓相對的一方感受誠意，以博取同情，以使公司能爭取更多的時間與空間，讓整個事件朝向更健康及更簡單的方向發展。

有一句話說得很好：先解決心情，再解決事情；心情解決了，事情就好辦了！

同情弱者為人之常情，保持低姿態，努力擺出為相關單位著想的立場，會讓相關單位主動願意提供協助，甚至只是單純的願意『等待』，都算幫了大忙。對於公司爭取時間，爭取『以時間換取空間』，或『以時間淡化事件』都有很重要的幫助。

若公司的危機驚動媒體，在媒體面前則務須擺出低姿態、認錯、抱歉、負責到底的形象。若能搭配員工無怨無悔支持公司、員工及廠商的家庭需要工作、公司需要社會的支持，往往可獲得社會大眾跟輿論的同情。

舉例來說，先前力霸集團發生危機，社會輿論一面倒的支持政府要對力霸旗下的企業好好調查，懲處不法。除了政府公權力強力介入之外，各銀行團為避免損失擴大，也紛紛凍結力霸集團旗下資金，連力霸旗下的金雞母，非常賺錢的衣蝶百貨也遭池魚之殃。

後來力霸第二代的表現其實有其結構性的脈絡可循：首先，以王令麟為首的力霸集團第二代，先是公開指責王又曾夫婦，以劃清界線；接著媒體又傳出（會傳出當然就是因為有人放消息）第二代的王令僑被老爸王又曾叫到香港，叫他跟老爸一起走，結果王令僑跪別老爸王又曾，堅持要回到台灣勇敢面對問題；再來兄弟姊妹們一致團結對外表示，他們不會像老爸王又曾一樣一走了之，一定會堅持到底，對台灣的社會大眾跟投資人有個交代。

當時尤其以衣蝶百貨的董事長王令楣的表現最令人印象深刻，她平常是個行事非常低調的人，但為了救力霸集團跟衣蝶百貨，親上火線召開記者會，向社會大眾、衣蝶員工、廠商跟銀行團等公開喊話，以堅定的語氣、強忍著淚水、語氣數度哽咽，向所有關心力霸事件的人說，她會拼到最後，無論如何，她不會離棄長久以來跟她們一起努力的衣蝶員工及廠商，她們認錯、道歉，但是絕對負責到底、也堅持到底，請大家再給她們一次機會，也給相關的合作夥伴們一個機會。

王令楣肯切的態度、謙卑的語氣果然令許多人及媒體動容，加上前面所說的一波又一波的，有節奏的運作媒體消息，輿論果然開始轉而對她們溫和許多。

接著，員工跟廠商開始在媒體鏡頭前陳情，說她們在力霸集團工作了幾十年，她們還是支持公司，希望公司繼續正常地經營下去。最重要的，她們需要工作跟生活，政府不應該凍結她們公司的資金，害她們不能領薪水，日子沒辦法過下去。

此時廠商也跳出來說，政府凍結力霸的資金他們沒話說，但是凍結力霸資金讓廠商拿不到貨款，牽連太多無辜的人跟家庭因此受害，就顯得沒有道理，希望政府跟銀行團網開一面照顧弱勢的廠商。

這一連串的員工跟廠商等善意第三人的請求，透過媒體鏡頭不斷地放送，果然最後讓輿論轉向，直接幫助並解決了員工跟廠商的問題，間接地當然也幫助了力霸旗下的事業從資金解凍開始，逐步緩解了形勢，待鋒頭稍過，日後逐漸恢復正常的經營。

第六章　就算要逃，也要逃得漂亮不著痕跡

不可諱言，有些時候企業碰到的危機實在已經到了無法收拾的狀況。但若第一時間逃避，只會引起更大的風波，企業領導人及經營團隊，甚至家人都未必能夠全身而退。因此即使心理知道不可能全然漂亮地解決，也要『軟著陸』，讓傷害降到最低。一般來說，想拍拍屁股一走了之的想法，人皆有之，但以人生長遠來看，真的不會比較實際。

當然，既然提到了『軟著陸』，企業還是要想些辦法來籌措一些基本的資源來支持，因為想要什麼代價都不付出，那就不叫『軟著陸』而叫『硬著陸』了。

因此，企業最忌諱撐到什麼資源跟籌碼都不剩的時候（許多企業主常跟周圍的人宣稱要戰到最後一兵一卒，其實這是很愚蠢的想法，一個完全無法善了的局

面，往往扼殺了企業最後起死回生、否極泰來的最後機會），才驚慌失措地不知道要如何善後，彼時的狀況可能就會變得非常的難以善後。

時間常常是一個企業經營過程中最大的敵人，但上帝是公平的，時間往往也是企業重新開始的朋友。因為時間會淡化許多事，舉例來說，時間久了，時間可能就會幫公司打掉許多員工跟廠商的債權（會硬撐著追著要債的員工跟廠商畢竟還是少數，因為對大部分的人來說，『討債』實在不是一件日常生活中的習慣或喜歡，甚至是『有能力』去做的事，時間久了，當初相關人等很多都找不到了，很多債權人最後氣也消了，人也疲了，鬥志也餒了，只要不影響到工作跟生活太多，最後往往也就算了），或讓媒體跟社會大眾淡忘了事件的傷害，因此就算要閃，也要等鋒頭稍過之後再閃。

其實，企業一時的失敗不代表人生永遠的失敗，對於與企業相關的單位（無論是債權人、銀行團、投資法人、或者是合作廠商或合作夥伴），『一沒死、二沒跑』，往往最後能讓企業主獲得更多的敬重（因為在這樣的情況下，能夠最赤裸，甚至是殘酷地看出一個人最深層的人格），東山再起的機會往往也將很快跟著來臨。

近年來企業界流行一種說法，對於曾經失敗過的企業家或企業主，往往隨著不同的人格特質、人生觀、努力程度及際遇，而有所謂的『V型人生』、『U型人生』及『L型人生』。

什麼意思呢？當一個人失敗之後，若能立刻觸底反彈，就是所謂的『V型人生』；若經過一番時間才反彈，便是所謂的『U型人生』；但若從此一蹶不振，就這麼一直待在谷底了，就是所謂的『L型人生』。

許多企業家能夠迅速從人生的谷底翻轉而上，回到往日榮光，除了許多人本身就是非常優秀的人才，有其在企業界迅速發展的主客觀條件之外，其實大部份還有一個非常重要的原因，就是他們對自己，以及對自己的人生，以及對他們周遭的人（無論是愛他們以及相信他們的人，如家人、朋友、工作夥伴，或者是恨他們以及鄙視他們的人，如廠商、員工、一些『老朋友』）在內心深處有一份尊嚴跟使命感，也因為這份強烈的成就動機，讓他們可以把吃苦當作是吃補，就像越王句踐的臥薪嚐膽，最後重回人生的高峰。

歷史上這樣的歷史人物俯拾皆是，像是國父孫中山先生就是一個典型的例子，因為心中的那一份『就是相信』（就是相信中國有一天會站起來、就是相信亞洲的第一個民主共和國中華民國會誕生、就是相信孫中山會為中國人建立新中國），最後變成一種可以感動他人的『信仰』，如果沒有了這一份深深的信仰及執著，就沒有後來的越來越多的革命志士的加入，革命志業也終究不會完成。

這種領導人及信仰會匯聚成一個磁場，隨著磁場的能量越來越強，越來越多的好的資源及『貴人』也就會逐漸加入，於是，一個好的、向上發展的良性循環於焉產生。

有一位台灣知名的企業家，在歷經幾次的事業起伏之後，在被媒體訪問時，說他篤信佛法，認為他的人生經歷都是修練過程中的一個段落跟體驗，他對這個社會及他週遭的人背負了一定的責任，他從不逃避，也自認無從逃避，今天就算逃得開，明天也還是要面對。人生每一次的失敗，都是在為下一次更高的躍起做準備，沒有一定的人生閱歷，不足以成就更大格局的版圖。

每一次事業的起伏猶如經歷了一次人生，環環相扣，互為因果，佛家不是有云？

若問前世因，今生受的是；若問來世果，今生做的事。

第七章　危機處理之媒體執行操作教戰手冊

對於企業經營者來說，任何會對企業帶來傷害的內、外在因素都應避免，以免影響企業的健康及穩定的永續經營。隨著大眾傳媒的進步，尤其網路世界的發達，往往企業百年的努力，還比不上一篇媒體報導所帶來的殺傷力；企業在兢兢業業地努力經營的過程當中，更有可能出現十個基本面，卻比不上一個消息面的狀況。

面對因為媒體所帶來的傷害，無論大到影響企業的生存，或小到對企業帶來某種程度的困擾，企業在平時都應該先有一套因應的準備或概念，所謂『毋恃敵之不來，恃吾有以待之』，了解不同情況下的應對方式，會讓臨時面對危機狀況的發生時，企業能有比較得當的處理方式。

企業在面對危機時，因為跟媒體不同的互動關係，會有以下幾種不同的情況發生，因應的方式自然也就不同：

一、媒體還沒發現之前
二、媒體已經發現，且真有其事
三、媒體已經發現，但子虛烏有
四、媒體已經露出，且真有其事
五、媒體已經露出，但子虛烏有，但媒體仍刻意登
六、媒體已經露出，子虛烏有，純屬烏龍

以下則比較詳細地說明每一種狀況發生時所應注意的相關事項及對應方法：

※媒體還沒發現之前

1) 公司所發生的危機，若能在公司內部即解決，那最好。

2) 若註定無法掩蓋，爭取時間在媒體發現曝光之前，做好所有相關因應準備。

3) 在相關準備還沒辦妥之前，全力封鎖消息。

4) 公司同仁員工最忌諱看了媒體才知道公司出事，一但要面對媒體，先向公司相關同仁內部消毒，一來表示大家在同一條船上一條心，二來同仁也可協助公司對更多人說明，同理，相關廠商等也是一樣。

5) 一切準備就緒，主動邀請媒體，主動出擊，以負責任的態度，回應所有問題，反過來讓媒體為公司背書，向社會大眾說明清楚。

6) 面對媒體，對公司有利的相關文件應準備好，一來引導媒體查證方向（儘可能引導媒體向對公司有利的方向查證，避免媒體往對公司不利的方向鑽牛角尖，尤其避免讓媒體拿到對公司不利的文件、數據資料、或見到相關的人，增加媒體發揮的空間），二來引導媒體報導方向。

7) 面對媒體，儘可能所有疑點都要能說得合情合理，盡釋群疑，加上負責的行動方案（先說先贏，只要不要太誇張，漏洞太多，讓人一看就知道可執行性很低），讓媒體沒有追蹤報導、擴大打擊面的必要及動機。媒體撤，危機就比較容易過去。

※媒體已經發現，且真有其事

1) 媒體發現一般之前就有風聲（若企業平時在媒體記者圈裡就佈有『椿腳』，也就是在記者圈長期耕耘人脈關係，若一但有什麼風吹草動，消息靈通的記者多半會事先耳聞，可以早一步通風報信），此時所剩時間非常有限，一般都是一家媒體刊登之後，後續所有媒體搶登。所以在最開始的時候，對該媒體全力私下說明協調，或有機會壓下，且公司的問題在同一時間就應同步尋求解決，否則壓得了一次，壓不了兩次；壓得下這一家，壓不下另一家。企業的根本問題不解決，就像一顆不定時炸彈，隨時隨地都有可能對企業造成難以彌補的傷害。

2) 若註定無法壓下，一般是確定隔天或馬上就見報、或播出、或雜誌刊出，既已無法挽回，則進入前述『媒體還沒發現之前』的步驟，但此時多半只剩幾小時或幾天的時間，掌握時間效率，就掌握公司未來發展命運。

※媒體已經發現，但子虛烏有

媒體在未刊登之前，一般會向公司求證，若本無其事，立刻解釋以釋群疑，理論上說明清楚應該就沒事。若媒體仍執意要登，無論是媒體不接受公司的說明、或媒體因為惡性競爭譁眾取寵先登再說、或甚至有惡質媒體從業人員蓄意勒索，立刻準備對大眾說明（刊登廣告或召開記者會等）並尋求法律保護。

※媒體已經露出，且真有其事

1) 台灣目前引領媒體議題，然後讓所有媒體跟隨報導的，很大比例是蘋果日報跟壹週刊，再來是各大報。平面媒體一登，事情若新聞性夠強，當天早上電視台就會找上門（約早上十點左右，因為電視台的主管，如新聞部經理、新聞部總監、或採訪組組長們，從看到報紙、討論要不要跟進、商討要不要派SNG車、安排及指派路線記者、受派採訪記者基本背景資料了解、採訪記者偕同攝影記者及採訪車、一路到達當事人或事件企業所在地等等，這麼多動作全部加起來，約莫十點以前各家電視新聞大軍就會殺過來），中午的電視媒體就播了。

尤其台灣現在的新聞台都二十四小時播出，每個鐘頭播一遍，只要一天就可以毀了一家公司。即使事後媒體有所謂的平衡報導，傷害都已無法挽回。所以第一時間的表現至關重要，所謂一失足成千古恨，因此，請務必小心把這句話放在心上：

平衡報導只存在在媒體採訪你的第一時間而已！

寄望來日的，即使是第二天的平衡報導（一般所謂的媒體的平衡報導，一來大部份媒體基於顏面或其他考量，比如相關新聞部的長官及記者可能被檢討而影響考績，在保護自己及官官相護之下，多半會將當事人的平衡報導要求置之不理；就算答應了，絕大多數大概也只有原報導的十分之一左右的篇幅，而且刊登的地方多半也地處偏僻，一般觀眾跟讀者根本不會注意到），企業或個人所遭受的傷害早已無法彌補及挽回。

2) 媒體已登出或播出，其他媒體一窩蜂找上門時，最忌公司大門深鎖，沒有任何人出面，這代表這家公司已經自己判自己死刑，媒體跟社會觀感祇有很差而已，覺得這家公司真的有鬼，做賊心虛全都躲了起來，甚至全部潛逃無蹤（其實有許多時候是當事人看到媒體這麼大的陣仗，所有人全都嚇傻了，反射性的逃避，沒有人願意出來擋子彈，其實這種駝鳥心態只會讓企業及當事人陷於更深的萬劫不復的深淵而已）。接著所有負面的新聞跟輿論都會跑出來，這時就算跳到黃河都洗不清了。

3) 此時再怕，都要克服心理障礙，排除企業內部的相互推諉，有人站出來說明。就算資料不全，至少形象上是有人負責的，然後在稍微緩衝之後緊急作後續處理，但千萬不要不處理，否則狀況只會更棘手。

4) 為博得媒體輿論同情，儘量爭取追回失分，以降低外界（尤其是銀行及政府公部門）攻擊的力道，有些企業會操作、或順勢利用、或真的讓員工跟廠商無怨無悔支持公司，訴求媒體保護他們的家庭、工作權及生存權，由員工懇求給公司一個機會。

其實這樣操作下來，只要有一二十個，或二三十個人，基本上只要剛好塞滿一個鏡頭，再加上激動的語調及女孩子（無論是年輕的女孩或是中年的母親）的眼淚，多半社會大眾的觀感就會有很大的改觀。若反過來形成輿論，或形成社會主流觀點，對相關部門或單位（尤其是銀行及政府公部門）就會形成壓力。

※媒體已經露出，但子虛烏有，但媒體仍刻意登

1) 此時應於第一時間對外澄清，若對公司的發展有傷害，則應考慮採取法律行動。此外，有時這是競爭對手刻意放出的假消息，刻意誤導媒體，所以第一時間的說明更顯重要。

2) 有時因為是子虛烏有，因為沒有後續可發揮的素材，媒體沒有後續可以報導，若公司冷處理，低調對待之，也可能讓事件很快淡出，所以有時刻意的不處理，也是一種處理。

※媒體已經露出，子虛烏有，純屬烏龍

1) 媒體的披露有時會發生一種情況，新進記者太嫩、經驗及專業不足、搞不清楚狀況，常常誤把馮京當馬凉，不是故意的，但當媒體一登出，常會讓倒楣的企業雞飛狗跳，如『遠雄土地違法，周錫瑋縣長率眾抗議』，其實搞了半天是遠雄集團旁邊的土地，但不是遠雄集團的，但是因為某個年輕烏龍記者的烏龍報導，業界譁然。

最後的影響是：報社道歉（報社也不敢得罪遠雄），遠雄抽廣告（遠雄是廣告大戶），大家裡子、面子都損失慘重。

2) 媒體的披露常常會發現另一種情況，連老記者有時都無法倖免，就是記者在趕稿的時候，打字打太快打錯字，一看就是純錯字也就罷了，但若是key words就麻煩了，如把『精技電腦』打成『精業電腦』，『普惠』說成『惠普』，都差之毫釐，失之千里。

3) 企業碰到這樣的情況，除了自嘆倒楣跟無妄之災之外，此時應於第一時間對外澄清，並請媒體更正。因這樣的狀況無涉立場，一般媒體對於企業更正說明的要求多半會從善如流。但若對公司的發展仍然產生了傷害，企業還是應該考慮是否該採取法律行動。

4) 因為是烏龍事件，媒體不會有後續報導，一般很快就會落幕，船過水無痕。

第五篇

發言人制度建立

第一章　為何要設發言人

企業與外界溝通的過程當中，無論是正常的訊息發佈，或臨時的消息釋放，或危機處理時的對外澄清，都最好有一個固定的窗口，一來確保企業內外口徑一致，二來外界不會不知道該找誰問問題，以致隨便找人回答或自行揣測，導致說法滿天飛，反而對公司造成傷害。

企業在跟媒體交往的過程當中，媒體對企業經常會有一些問題想要了解，無論是就企業本身的問題，或是就企業所屬產業的發展等等，時常會有諮詢業界意見領袖（或者是業界的老兵）的機會。

對於媒體的相關採訪或詢問的要求，只要對企業的經營沒有傷害，一般企業當然是本著歡迎的態度來面對。一來企業本身的曝光度增加，次數多了，時間久了，企業在業界及消費者心目中的份量當然就會不一樣，這種附加價值除了經年累月地慢慢累積方能獲得之外，許多時候，是用再多的錢也買不到的。

一般企業多半只設一個發言人，若組織龐大複雜，因應不同事務及層級，可設多名發言人。就發言人的編制，普通最多是由公司的公關部門主管來兼任，因為公司的公關部門主管平常就職司與媒體的互動，他們許多甚至是由媒體記者轉任，對媒體生態及媒體的運作流程非常熟悉，如此對於與媒體的互動就比較少有誤解或傳達錯誤的機會，發言分寸的拿捏也會比較精準，最主要的，他們充分了解媒體的需求，並能配合媒體的運作，最終達到各取所需，共獲雙贏的效果。

第二章　發言人應發揮之功能

大部分的企業發言人的共同特色，就是經常被貼上『國王人馬』的標籤。除了熟悉公司事務，本身也多數是公司的老臣及高階主管，對於公司的沿革文化及相關發言的尺度及分寸盡皆瞭若指掌。

既然被稱為是『國王的人馬』，想當然爾，他必須充分獲得層峰的信任及授權，同時充分了解層峰想法，因此能夠成為公司與外界順暢溝通的窗口，從而建立公司在外界的信譽及credit。

發言人既是公司層峰的分身，許多時候代表公司層峰發言，也是公司的門面，稱職的發言人，往往為公司的企業形像加分。當然，發言人有時也是公司層峰試探外界的風向球，無論對外或對內發言，有時或多或少要為層峰擔一些委屈或風險（比如所放出的風向球不被外界所接受，當層峰對外否認時，發言人可能就會有承受外界批評的風險），因此獲得層峰的信任非常重要。

第二章　發言人之人選特性

以下為一般企業發言人之人選特性：

一、熟悉公司事務、了解層峰想法、獲得層峰信任，因此多為公司資深高層主管，一般來說，公關部門主管、財務部門主管，以及業務部門主管兼任的機會最多。

二、反應快、表達能力強、善與人溝通、耐性佳、EQ高、抗壓能力強、習慣面對大眾、甚至鏡頭者尤佳。因此，許多企業多由經常負責與媒體溝通的公關部門主管來擔任發言人，而公關部門的主管，又有許多甚至是由媒體轉任的記者來擔任，其理在此。

三、由於發言人直接在第一線面對媒體及社會大眾，因此，外貌、談吐、氣質、服裝、品味等讓人第一印象佳者皆有加分。不過，真正讓大家公認的好的發言人的特質，其實還是在於其專業的素養、有價值的發言內容（而不是專門與媒體躲迷藏或只是打一些毫無營養的哈哈而已）以及『親和的形象』（指的就是不會與媒體的互動不佳，讓媒體覺得麻煩與討厭者）。

四、能夠接受並執行二十四小時對外發言者，雖然這樣的狀況不應經常發生。

第四章　危機中發言人扮演之角色

當企業危機來臨，稱職的發言人至少要扮演好以下的角色：

一、發言人是公司處理危機的第一道防火牆，負責抵擋公司內外的質疑的炮火，在第一時間保護層峰，為層峰擋子彈，並為公司爭取較多緩衝的時間，以利解決問題。但若在面對外在壓力的過程中處理不好，卻也往往成為第一個為公司無辜犧牲的砲灰。

舉例來說，若公司發生危機，第一時間站在第一線面對所有人的公司代表就是發言人，此時，被罵、被人身攻擊（可能包括心理上的，或是身體上的），甚至被不理性地羞辱及謾罵，都有可能是發言人可能要面對的狀況。即使心中再不以為然、再不甘願，絕大多數都要謹守『打不還手、罵不還口』的最高指導原則。箇中甘苦，大概非一般局外人所能體會。

因此，就不難看見在高壓之下，有部份發言人被動式的陣亡（比如被債權人等轟下台，或是表現不佳，控制不住局面，而被層峰換下來），有的則是主動式陣亡（士可殺，不可辱，大爺不淌這趟混水，不幹總可以吧？！），總之，在這樣的情況之下，一般發言人的共同感想幾乎都是：發言人真的不是人幹的！

二、與公共事務部門合作，緩和並疏導企業內、外界壓力，儘可能讓大事化小，小事化無，協助公司順利度過難關。

第六篇

新聞發佈及記者會

第一章　議題設定

企業不能只是被動的等待媒體來採訪你，因為媒體可以採訪的議題太多，如何有系統地引領媒體報導，間接開拓公司的形象與知名度，並協助公司業務發展，增進公司與客戶間的訊息溝通，是公司經營階層的重要課題。

對於電視媒體來說，畫面及新聞性是考量重點，新聞台每天的新聞需求約四十則；而對平面媒體來說，新聞價值跟獨特性是重點，報紙每天的新聞需求則有好幾版。

其實媒體每天的新聞需求量很大，若公司在與媒體溝通的過程中，經常給予媒體符合其需求及特性的議題設定（Agenda Setting），可幫助媒體達成每天報導最新新聞的任務需求，若能成功塑造一種共生共榮的相互依存或供需關係，進入一種良性循環，對企業及媒體的互動來說，是一種最佳的互動關係。

第二章　新聞聯繫

一般的特稿、專題採訪或節目訪問，事先都會有一個記者或媒體擬的問題或對談清單。媒體對企業不一定了解，問的問題也不一定專業，此時新聞聯繫的窗口就很重要，要能專業及耐心地完成溝通及協助媒體完成前置作業，包括聯繫相關的人、相關議題、相關地點及相關資料等。

不可諱言，有時部份媒體同業對一般企業的態度不一定都很客氣，有時是某些客觀條件的限制，像是截稿時間等（時間快來不及了，講話的時候可能就會比較沒有耐心）。有時是媒體本身就有優越感，但純屬因人而異。但基本上都需要儘量予以配合，因為能有好的、正面報導的新聞露出，一般對公司來說是可遇而不可求的宣傳跟媒體背書的機會，相當值得珍惜。

另外重要的是，萬一碰到的媒體記者專業態度不足，輕則不予播出或登出，重則新聞中偏向負面報導，甚至搞你一下，都會得不償失。因此，企業在面對媒體的時候，除非公司根本不在乎媒體的重要性跟可能帶來的利害關係（不過大概也只有沒有sense的企業才會這麼想），否則，請記得一個順口溜：

天大、地大、媒體最大！

另外，平面媒體及電視媒體的特性不同，企業負責新聞聯繫的窗口，對媒體的採訪需求須有一定程度的了解，比如資料文件或資料畫面的提供、用什麼形式的檔案或什麼樣的資料播出帶（如beta cam等）。

對媒體的需求及執行細節越了解，彼此的溝通會越順暢，越容易留下很好的合作及採訪印象，下次或多次採訪的機會也就越多。同時，有時媒體記者間會『呷好倒相報』，一家報導後，若其他媒體覺得有報導價值，也很容易會跟進採訪。

第三章　活動設計及安排

企業爭取媒體曝光，除了傳統的經營特色績效、新的具新聞價值的技術開發等，有特色的活動安排也可爭取媒體注意。

活動設計應符合媒體報導需求，公益活動是最普遍且安全的一種，但由於很多人辦，主題跟新聞賣點也開始變得重要，尤其若要吸引電視媒體的青睞，符合電視媒體畫面的需求很重要。

一般比較常見且較容易吸引媒體注意的方式有以下幾種：

一、邀請當紅名人、藝人代言或出席，但有時受邀的名人或藝人若當時正是話題人物時（如八卦緋聞正熱），往往喧賓奪主，模糊焦點，主辦單位變成白花大錢為人作嫁的冤大頭。

二、創造有畫面及話題的大型活動，如創金氏世界紀錄等。

三、創造可直接保證收視率會上升的畫面，一般指的就是養眼的鏡頭，所以內衣秀、show girls，或有性暗示的新聞畫面，永遠受到電視新聞台的歡迎。

四、創造可直接保證收視率會上升的畫面，一般還包括煽情的新聞，所以部分公益單位或新聞媒體本身，會找出一些非常值得同情及需要幫助的家庭或個人，藉由她們的坎坷遭遇，得到社會大眾的注意及同情。尤其當事人只要哭，哭得越傷心，收視率越高，社會大眾的迴響越大，報導的幅度也會跟著越大，但這種方式常引起公益單位的爭議，因為會造成貧戶變大戶的不公平現象。

五、創造可直接保證收視率會上升的畫面，還有一種就是小小孩跟小動物的活動新聞，電視新聞播小小孩在地上爬行比賽的畫面常常出現，就是因為廣大電視觀眾愛看。

第四章　如何與媒體記者互動

新聞的世界其實是一個由人跟事件組合而成的結構，既然是人跟人互動的結構（受訪者及採訪者），人際關係的維護是永遠不變的真理，如果公司有新聞才找記者，沒事就不找記者，凡事公事公辦，到了出狀況的時候，也就別怪人家對你公事公辦，所以平常跟記者建立一種朋友的關係其實頗為重要。

平常跟幾個樁腳記者維繫良好的互動關係，一方面平時在業界的資訊上可以互通有無，因為很多時候產業線的記者的消息其實還蠻靈通的，有狀況時還可能有人會為你預先打個招呼，另一方面，記者也希望能有穩定且具新聞價值的新聞來源。

對多數的媒體記者來說，最好的互動及交往方式是幫助他們在工作上『好表現』以及『表現好』，也就是比較輕鬆地工作，跟工作上有好的performance。

因此，跟記者們的結交，平常吃飯喝咖啡其實不見得是重點，但若成為朋友關係，每隔一陣子吃個飯，喝個咖啡，聯絡聯絡感情倒也不能不做。

記者們當然也知道企業跟他們結交的目的，因為於公於私，其實記者們也想跟業界結交，原因之一是建立新聞來源管道，之二其實許多記者也在騎驢找馬，希望有一天說不定也能在產業界找到一個好的生涯規劃的機會。在媒體圈，優秀的記者從新聞界跨足產業界的例子，其實非常的多。

而跟記者關係的建立，最佳情形除了平時關係的投資之外，原本就有朋友或更深入的關係尤佳，比如像學長學弟的學脈關係等，因為情誼不同，所帶來的『人脈存摺』的價值及效益當然更大。

除線上記者之外，新聞部主管的經營其實更加重要，因為媒體的新聞走向、批判力道、篇幅大小、刊登（播出）與否、甚麼時候刊登（播出）等，都由新聞部的相關主管決定。

所謂『朝中有人好辦事』，這所謂的『朝中有人』，靠的除了先天的關係，更須後天的長期維繫。

筆者要再強調一點，這所謂的平時的耕耘，絕大部分其實也就只是朋友間平常的彼此關心跟聯繫而已，企業不見得一定要花什麼錢，但人心是肉做的，『用不用心』，永遠是人際關係中，最重要的一個元素。

第五章　新聞稿撰寫

新聞稿的撰寫基本上模擬正式的新聞內文，簡單的說，就是儘可能把記者要寫的新聞事先幫他寫好，而且檢附文字檔，若希望有相片，最好連相片的檔案都備妥。

如果媒體最終採用，勤快一點的記者，會就他採訪的內容再酌予增刪，以他自己的名義發稿；比較不勤快的，或者是工商組的記者，甚至可能幾乎一字不改地就登了。而對企業來說，用我的新聞稿，再加上我的新聞相片，當真有如天上掉下來的禮物，真是再好不過！

對線上記者來說，完整專業的新聞稿，對他們來說，可節省很多工作的時間跟精神，如果這篇新聞被長官定義成是獨家新聞或特稿，該記者還可能可以有額外的獎金或稿費，加上被認可工作表現，年終運氣好長官加給個紅包，那可就太完美了。

撰寫新聞稿的重點，不外人、事、時、地、物，儘可能標題幫忙想好，第一段基本上就是大綱，也就是讀者一看到標題就知道這篇新聞在說什麼，再看第一段就更清楚大致的全篇新聞概況。

針對電視新聞媒體，新聞稿的內容最好能幫他們預先設想到可能的畫面，若能做到這一點，上電視新聞專題的機會就會大增，甚至有機會能爭取到較長的曝光時間。

許多的企業對媒體是又愛又恨，因為很多時候，媒體的露出不一定按照原先的期待，因為媒體有自己的立場跟判斷，加上採訪的時間不一定充足，許多時候還有截稿的壓力。這時除了可能平時的關係的維繫（讓媒體更有耐心聽你說明），事前的準備很重要，事前準備越充足，事後surprise bad的機率越低，所露出的新聞走向、篇幅跟新聞長度，越可能讓公司接受或滿意。

第六章　記者會安排及流程

記者會的安排及流程有以下幾個重點：

一、記者會召開的原因，除固定的公開說明會外，還包括：

1) 新產品發表會
2) 新事業發表會（包括策略結盟）
3) 頒獎表揚記者會
4) 某個特定目的的造勢記者會（如公益活動等）
5) 某個特定目的的說明記者會（如公司危機處理等）
6) 臨時性的記者會（如被一群記者堵到）

二、一般記者會的召開，都會事先尋找一個適當的地點，大多會選擇在飯店，或某個記者容易找到的公開場所。

三、記者會的地點，多數選在市中心，最好還要好停車，因為採訪車雖然有司機自己會想辦法停，但好停車還是會受到記者們的歡迎，因為比較不會得罪司機大哥。

市中心則是方便記者們的交通，因為記者一天可能要趕好幾場，未必邀請就答應來，答應來未必就一定到，記者嫌遠、嫌不方便不來，記者會安排得再精緻精彩也沒用。

四、記者會現場的佈置以題目具體、方便主辦單位跟記者溝通，及記者感覺舒適為原則，不建議花大錢辦一個佈置超豪華的記者會現場，除非功能任務上確有需要。因為再豪華的記者會現場，記者們都見得多了，不會有什麼感覺，只會私下互相虧你蠻凱的而已。

請記得一個原則，記者到記者會的目的只有一個：來採訪新聞，所以給他們他們需要的，比什麼都重要跟實在。

許多企業花大錢佈置記者會會場，執行單位真正的目的其實是在拍老闆的馬屁，一來讓老闆覺得有面子，『跟企業的形象與規模相匹配』（其實很多時候，這樣的行為只會讓記者們笑凱子跟無聊而已），二來讓老闆覺得執行單位（如公關部門）有認真在做事。

但是說穿了，記者會就是記者會，花了大錢，當天或第二天卻沒有一則新聞露出，或是僅僅露出不成比例的一點點篇幅，當初花大錢佈置記者會會場（記者會開完了，幾乎所有的佈置就當場全部拆光報廢），除了只是送錢給承辦的公關公司賺了一筆之外，當真沒有什麼太大的意義。

五、記者會現場必須準備好的東西

1) 檢附檔案的新聞稿跟相片

2) 跟記者會主題相關的小禮物（多半記者會都會送）

3) 準備給媒體拍攝的新聞畫面（無論平面或電視媒體）

4) 多stand by幾個能回答問題的人，這一點很重要，有時記者多（當真恭禧！），記者會的主角如總經理等，萬一被某一家媒體佔住問個不停（有時候是故意的），其他媒體等了一下沒得問，可能就算了、走了。這是最可惜的一種情況，因為記者來本身就很難得，因此千萬別讓他們白來。

六、記者會現場的佈置一般含以下幾個重點：

1) 記者會場門口有一個接待區及報到處，除了引領記者們進入會場之外，接待區還有一個任務是請記者們簽名，並留下名片，以方便後續聯繫追蹤，一般接待區也會放不少相關單位致贈的花籃。

2) 會場內多半會有一個記者會相關說明人的區域，一般是在會場前端的一排桌子，每個位子上並擺放名牌，方便記者認人。

3) 記者會場前端多半還有一個講台，方便主持人說話，及後續相關說明人說明之用。

4) 記者會現場多半還會有投影螢幕，方便說明人簡報。

5) 許多記者會現場會安排一些點心、茶點及飲料，主要是讓記者們感覺受到禮遇，雖然多半他們都不會吃（一來因為在主辦單位說話的時候吃東西，感覺有一點不得體，尤其是喝咖啡時，湯匙攪動咖啡杯所發出來的叮叮咚咚的聲音，在會場會顯得突兀及沒禮貌；二來邊吃東西邊聽主辦單位說話，擔心分心導致部份內容沒聽清楚；第三，其實也是最主要的一點，就是實在是各場記者會下來，真是吃到膩，吃到不想吃了）。

6) 記者會若在飯店辦，多半可以要求飯店從大廳開始提供指引牌（stand），以方便記者們迅速找到會場。

七、一般記者會的流程

1) 主持人觀察記者來得差不多的時候宣佈記者會開始。

2) 主持人引言（主持人可以是公司代表或外聘，一般外聘的專業主持人比較能夠掌握記者會的流程及氣氛，尤其是記者出身的主持人，更可以代為負起引導記者的任務）。

3) 相關主題內容說明。

4) Q&A（一般此時有些記者就會看準目標，直接將受訪者拉到一邊單獨採訪）。

第七章　會後追蹤

記者會不是開完就算了，有幾件後續的標準動作必須follow up：

一、記者會後的幾天，必須密集聯繫已出席的記者們，其實就算沒出席，若能聯繫得上，將新聞稿寄過去或e-mail過去都比算了的好。

二、許多時候，記者會現場溝通時間不夠多，會後追蹤往往可以聯絡出某媒體的深入專訪，不過這裡的深入專訪，多半則以雜誌的訪問居多。

三、一般記者會後的第一天就會見報（若是電視媒體，當天的電視新聞就會播出），後幾天也有機會，再往後的機會就不大了。

四、記者會後的幾天，多查幾個搜尋網站及新聞搜尋網站，可幫助找到刊登了哪些平面媒體（有些時候，某些比較小的媒體有刊出新聞，但公司可能沒發現）。

五、根據會場收到的媒體記者名片，後續幾天聯繫他們會不會登，至於記者會後的第二天，則建議乾脆直接花錢找報紙最快、最放心。

六、有時可以跟電視媒體的記者要當天播出新聞的側錄帶，但一般會要不到（若每則新聞的受訪者都來要，記者若答應，一要找出一個準備送給受訪者的帶子拿來錄，二來要抽空到剪接室花時間找出當初的新聞播出帶，再轉錄到新帶子上，三來要花時間完成請快遞寄送的動作，四要向公司報備這則著作權屬於新聞台的新聞，當事人具結不會拿來做商業行為及公開展示等侵權的行為，整個流程老老實實走下來，記者也不用跑新聞了），不然就是會有繁瑣的申請流程。其實坊間有代客側錄的公司，可依公司的需求找出相關的新聞及新聞影片，頗為方便，只是購買單位需承諾不會做出任何侵權的行為。

七、記者會最怕當天發生重大新聞，若媒體全部注意力被帶走，媒體版面全部被佔，準備多時的記者會可能會莫名其妙的意外上不了媒體。

八、當然，如果公司希望媒體不要太注意公司的新聞，或希望公司被報導的幅度越小越好，最好不要播、不要報，那就祈禱當天有重大新聞出現吧！

九、媒體露出收集完整之後，應妥善加以整理歸檔，並移交相關單位，以協助公司營運及業務需求。

第七篇

結語

過去學校的老師教導我們，做人做事要腳踏實地、埋頭苦幹、只問耕耘、不問收穫。但是在二十一世紀的今天，企業及職場的競爭日益激烈，企業的發展講求的是方法、效率及企業經營模式（Business Model）。在有限的資源之下，當今台灣企業的目標是『追求最大的收穫，來自最佳化的耕耘（經營）』，『腳踏實地、抬頭苦幹』、『立足台灣、耕耘大陸、佈局全球』。

現代企業經營的環境在網路及交通、訊息科技的高度發展及幫助下，速度更快了、效率更高了，但是相對而言，競爭更激烈了、風險也更高了。在這個十倍速發展的時代，『執行速度及效率』與『精準規劃及反應』決定了一家企業的成敗及規模。而掌握資訊、掌握媒體、便掌握了通往成功的致勝關鍵。

當今媒體的影響力無遠弗屆，它的力量強大到可以在一夕之間讓一家名不見經傳的小公司紅遍全世界，公司市值暴增千萬倍；也可以讓一家全球知名的百年企業一覺醒來瀕臨崩解的危機。許多原本可以為公司帶來的龐大附加價值與機會，或原本可以避免的企業經營風險與變革，都可能因為『媒體』這個因素，導致企業遭逢翻天覆地的變局，或莫名其妙地一輩子默默無名。

孫子曰：『知己知彼，百戰百勝』。了解各類媒體的本質、各類媒體間『人』的因素的結構、如何與媒體良性地互動及交往、如何擅用與媒體間的合作幫助擴大企業經營的加乘效果與效能，都是現代企業經營者及企業家們不得不謙虛潛心研究的必修課程。

古人也說：『居安思危』，世界上也沒有一家企業是永遠順遂成功的，孔子曰：『人無遠慮，必有近憂』，企業發展的起伏在所難免，企業的領導人，如何在企業遭逢危機時，掌握局勢、因勢利導，帶領企業走過難關，浴火重生；或即使企業因故一時的失敗，卻能減少傷害、堅此百忍、生聚教訓、重新集結、快速崛起。這中間靠的是堅定的信念、冷靜的頭腦、團結的團隊，以及有效的策略及方法。絕不是只是情緒激動地喊幾句：『老兵不死！』、『我將再起！』等口號而已。

有句佛家的偈語可以完整地說明企業失敗之後，企業應當有效地掌握手中的資源，加上清楚明晰的策略及定見，接著專注準確、心無旁騖地執行、最終走向成功的彼岸：

手把青秧插滿田，低頭便見水中天，六根清淨方為道，退步原來是向前。

願大家以此共勉之！

企業失敗學

——企業媒體公關策略及企業失敗學

作　　者 / 黃正一
責任編輯 / 廖漢興
圖文排版 / 王思敏
封面設計 / 米　可

發 行 人 / 黃正一
印　　製 / 秀威資訊科技股份有限公司
114台北市內湖區瑞光路76巷65號1樓
電話：+886-2-2796-3638　傳真：+886-2-2796-1377
http://www.showwe.com.tw
劃撥帳號 / 19563868　戶名：秀威資訊科技股份有限公司
網路訂購 / 秀威網路書店：http://www.bodbooks.com.tw
國家網路書店：http://www.govbooks.com.tw

ISBN：978-986-326-149-0（平裝）
2013年6月POD初版
定價：380元

國家圖書館出版品預行編目

企業失敗學：企業媒體公關策略及企業失敗學 / 黃正一著. -- 一版. -- 臺北市：秀威資訊科技, 2013.06
面； 公分. -- (商業企管類)
BOD版
ISBN 978-986-326-149-0 (平裝)

1. 企業經營

494 102013441